剖面集

建筑理论的
"剖切"与"误读"

国一鸣 林婉嫕 廖晓飏 甘力 文天奇 著

中国建筑工业出版社

"剖面"

站在实践者的视角看，如果将建筑学看作一座构筑物，我们对这门学科的各种解读便是在为这座构筑物求取**"剖面"**。为了发现更多内涵，就需要不断转换剖切的角度，当角度转换时，原先连续的部分可能被截断，而原先被割裂的部分将被重新联系起来，学科继而被重构，隐匿于角落里的现象浮出水面，新的灵感将被激发。

"误读"

建筑师的工作是一个创作的过程，创作者只需对作品负责，对学科的解读可以是主观甚至任意的，也可以是碎片化或跳跃式的，一些未必公认的观点可以被轻易拈来以支持创作需要。我们把这种带有明显主观色彩的观点称为**"误读"**。此处的引号不可缺少——在实践面前无所谓正误，都是些等待着时间检验的尝试之举——正是由这些"误读"引领的一次次实践造就了诸多影响深远的历史杰作。从这个意义上讲，"误读"不应被回避，甚至应该被鼓励。

剖面宣言

国一鸣 林婉嫕 廖晓飔 甘力 文天奇

长久以来，一种反智的观点始终存在于建筑学内部，他们试图否认建筑理论存在的意义，认为所谓理论只是在建筑物完成后附加的一份补充或说明。作为纯粹建筑学的信徒，我们不认同这种观点。我们要求还原建筑理论与实践的正确关系，以建筑师的身份从个人化的视角重新观察建筑学，继而形成系统化、具有实践价值的建筑理论；摆脱时间、地域、国家等传统概念的桎梏，像对待建筑那样从不同角度为作为科学的建筑学求取剖面，这也是"剖面学社"的创立初衷。理论研究不是考据文献堆砌而成的文字游戏，而应该成为一种支持创作的手段。我们深信理论的意义存在于解读的过程中，诚然，这种解读可能会受到个人阅历抑或时代观念的局限，我们在此称其为"误读"。需要强调的是，此处的"误"非为"错误"，而是主观解读过程中不可避免的偏差。我们认为这种偏差不应被回避，甚至应该被鼓励。历代的经验证明，正是由此产生的理论或学说，才会愈加鲜活而富有值得为之争辩的生命力，而当这样的理论逐渐丰满形成体系时，或许它与建筑实践的关系便已不言自明了。

序

高手在民间

URBANUS 都市实践 | 王辉

　　有个点赞的俗语叫"高手在民间",这是我粗略地翻阅这本《剖面集》后的第一个感觉,也是我细细地阅读了其内容后的再一次感慨。"民间"是一个非常值得寻味的概念,因为它的非主流、无权势的边缘化站位,既有被压迫的囧境,也有反抗的潜质。

　　我想先分析下"民间"这种反抗潜质的宝贵性。按最"政治正确"的历史唯物主义理解,事物发展的动力总是始于反抗的行动,无论是处于马克思式的生产关系不能适应生产力发展的内因,还是出于汤因比式的挑战与应战的外因,学术的演进亦如此,许多边缘化的躁动,恰恰是对主流一潭死水的"反动",像《剖面集》这样的民间学术合集,自然与正统的学术论文有所对比。早在2016年就有媒体报道称中国学术论文产出量居世界第一。建筑界里中国论文的数量排名虽然不详,但我相信应该会把老二甩得更远,因为从两件事可以略窥一斑:第一,相比于世界主要建筑媒体文章的写作方式,我们的建筑期刊太论文化;第二,相比于国外的建筑学硕士课程,我们的学位授予机构对论文的要求太高。

　　那么,这不是说明中国建筑师的学术素养很高吗?其实不然,甚至正相反。由于论文写作是一门技术,许多学养并不深的人往往在把握这门技术时本末倒置,把大量的时间和精力放在应付"规定动作"上,不仅没有写出自己的创见,更可悲的是,这种技术还从根源上抑制和扼杀了创见。这个问题古今中外都一样，从中国科举的八股文，到西方中世纪的经院哲学，都是把不错的思辨工具最终变成糟糕的思想羁绊。作为实践建筑师，我也是几所高校的校外硕士导师，对这种学术论文生产方式给学生们带来的学术平庸有切身的体会，之所以对其深恶痛绝，不在于它所生产的论文产品，而在于它所生产的论文作者。

理论不是纸上谈兵，而是实践的舵手。在一个"理论—实践"的正确辩证关系非常常识化的国度，我们的"实践"恰恰缺失了"理论"，这种缺失是全方位的，包括但不限于理论立场、理论意识、理论方法、理论批判，等等。这个问题也是本书的作者在《剖面绪论》一文中敏感地意识到的"失位的理论研究"。他们更敏感地意识到的另一个问题是这种失位的"补救者"不是外援的"救世主"，而正是建筑师本人。更准确地说，所谓"理论"，是针对每一个建筑师所面临的问题而量身订制的"理论"，所以作者接下来回答"谁来做研究"的问题时，毫不含混地回答了只有建筑师个人的"建筑观"才是对建筑实践有意义的"理论"。这个观点我非常认同，因为如果我们承认"实践是检验真理的唯一标准"，再高大上的"真理"如果不能与实践成为知行的合体，也只不过是他者的"真理"。他们这种对理论—实践二元关系的直觉，可谓"高手"。

回到"在民间"的意义，这倒是牵扯到"理论的理论"问题。理论其实是个知识共同体，这点可以借用库恩 (Thomas Samuel Kuhn) 的"范式"(Paradium) 概念来解释。库恩的《科学革命的结构》(*The Structure of Scientific Revolutions*) 提出了"范式"理论：范式就是在一定时期内规定着科学发展的范围与方向的重大科学成就，它提供给专业科学家以一种思路，形成某一特定时代的特定科学共同体所支持的共同信念。虽然本书作者也抱怨过当前的实践没有理论，其实即使没有理论也是一种理论，或者说是一种"范式"。要改变这种状况，当然需要用一种新范式取代旧范式的变革。当主流的知识生产已经流俗于一种程式化、失去自我批判的复制时，这种世界观的变革自然要求救于"民间"。

"民间"的意义在于具备一种宣言式的颠覆意志。和早期的现代主义者们一样，本书作者们也先抛出了宣言，强调"理论研究不是考据文献堆砌而成的文字游戏，而应该成为一种支持创作的手段。"这句话说得有点大，也许读者不禁要问："你真的找到了一种能够支持创作的理论了吗？"于是紧接着这句话，作者在这篇宣言里用"误读"一词表达了一种谦虚的态度，承认"主观解读过程中不可避免的偏差"，当然最后还是很自信地认为"这种偏差不应被回避，甚至应该被鼓励。历代的经验证明，正是由此产生的理论或学说才会愈加鲜活而富有值得为之争辩的生命力"。

任何知识的颠覆也不是靠几句宣言来完成的。这本书还是有一种民间的力量，虽然它是由五个完全独立的文章构成的，但作者们在书的组织架构上还是很认真地完成了一种新范式的建构，使之有结构上的整体性。上篇的"回溯与反思"和下篇的"探索与发现"是一种对偶，我想用更简单的"还原"和"氧化"来置换，以讨论新范式向内如何找到原点以及向外如何拓展新方向。

启蒙运动以来，还原法是让新的学术观点获得合法性的基本方法。这个方法的图式就是洛吉耶 (Marc-Antoine Laugier) 长老 1755 年出版的《论建筑》(*Essai sur l'Architecture*) 一书中所用的那张名为"原始棚屋" (Primitive Hut) 的画。画面的寓意一目了然：如果人们想证明有山墙的、双坡顶的梁—柱结构建筑的合法性，那么就要把它还原到最原初的状态，看看如何用最基础的素材完成这项建构大业。在这幅画所表达的还原中，建筑的根源要从自然元素中去寻找，而那个作为欧洲建筑文化基石的希腊柱式，则在画面前部彻底坍塌。类似于这种寻根式的还原在本书上篇中有三个方向：历史的、社会的和工具的。

国一鸣的《现代的滥觞：边界视角下的欧洲建筑理性化历程》做了所有有雄心的建筑师都要做的一件事：重新还原建筑历史的基本概念。在我看来，建筑学首先是个超越任何个体建筑师经验的先验知识体，它既是营养，也是毒液。如果没有对已发生的建筑学内容有充分的个人化辨析，很难摆脱对建筑基本概念的规范化理解，因而也不可能有比较体系化的创见。可以看到，好的理论家总要就同一课题再做一次自己的解释，例如理论家詹克斯 (Charles Jencks)、楚尼斯 (Alexander Tzonis)、弗兰姆普敦 (Kenneth Frampton) 等人都各自写过一部关于柯布西耶 (Le Corbusier) 的书。实践建筑师虽然不会做这么系统的文字工作，但好的建筑师都学会了如何借助建筑史案例来思维当下的项目。只有不断地回到对历史母题的再解释，才可能对建筑学的奥秘和意义有所敏感。

林婉嫕的《为穷人设计？还是为富人设计？建筑空间在资本社会中的投射》，把建筑学的基本问题还原回社会向度。建筑学中的人本话题不值得怀疑，但在人文主义中，阶级属性的轮廓却很模糊。即使自 19 世纪以来，建筑学就很难摆脱道德的语境，但整个现代主义的道德批判都是建立在建筑和生产力的关联性上，例如建筑如何体现时代精神，而不是建立在使用者的社会背景上。随着资本主义社会的升级，建筑越来越变成更高精尖地为资本和权力服务的工具，因而建筑行为本身有可能会成为不道德的，这也引发了在现代主义之后，越来越多的建筑批判转向了建筑与生产关系的关联性上。有趣的是，建筑师的社会角色往往会是站在弱势的一侧，而建筑师的职业角色却站在了强势的一侧。这就构成一种生产者和产品之间疏离乃至对立的怪圈，所以才有作者发出的感慨："建筑师一半是受害者，一半是帮凶。"这种社会性的还原思考，有助于颠覆传统的建筑学。

廖晓飏的《创作日志》，则是通过对设计过程的记述，从工具方法的角度还原了设计的本体。设计是一种实践活动，这种实践中的操持，既是方法论，又是本体论，这样的观点已经在近二十年的学术讨论中越来越获得认同，例如对"建构"的认知。然而，更本质的问题是我们到底是需要一种演绎的工具，还是一种归纳的工具。亚里士多德的《工具论》(Organon) 是演绎推理的鼻祖，确立了用简单的范畴来推演复杂万象的形式逻辑方法。这种方法也是建筑学根本性的操持方法，例如类型学的方法。当前，建筑的类型学再加上资本的逻辑，例如"户型"，已是统治建筑生产的主要工具论。培根的《新工具》(Novum Organon) 是对亚里士多德《工具论》的反动，这种反动源于培根所处的时代是人类历史的大变革时期，知识的边界是开放的，而不是封闭的，所以就特别需要一种新的认知工具，从活生生的万象中归纳出自然界的基本规律，而不是从少数的假定就能够闭眼描绘出大千世界，这也是中国社会处于百年未见之大变局时所需要的态度。遗憾的是，在这样的时代机遇面前，我们是用演绎法推演出了"千城一面"。站在这个角度，就能更好地理解作者在这篇文章中提倡的对"建筑创作真相"的还原意图，以及在文章结尾对这种工具方法可能带来的"去发现能够满足认知识别的新形式以及新的认知原则"的企盼。

之所以说本书的下篇是关于"氧化"的话题，还是先回到代际的问题。建筑是一门随着代际发展而不断变异的学科，这个"代"不仅关乎作为政治、经济、技术、文化、军事综合体的"时代"(Times)，在心理学觉醒的今天，我们也更加意识到"代"也关乎每一个时代里的"那代人"(Generation)。俗话说："一代人有一代人的使命。"就建筑而言，这个使命就是完成一种前一辈人没有条件、后一辈人不可重复的范式。当然这是抽象的、宏大的甚至不可及的使命，不仅一般人做不到，从反动的、政治不正确的血统论来说，地域条件的限制使再聪慧的建筑师也做不到，因为建筑是社会条件的衍生物。那么小小的目标是否能够实现呢？实现的标准又是什么呢？我认为就是使狂野的思想能够达到一种稳定的状态。自然界告诉我们，所谓的稳定就是被积极地氧化，例如我们对钢铁的使用既爱又怕，因为铁元素太活跃，生锈后会一塌糊涂。那么不如让它被彻底氧化成锈蚀的钢板，这样做反而能够稳定下来，变得更实用。同样，建筑需要被氧化，才能被稳定。到哪里去寻找这种氧化剂，本书的下篇提供了两个尝试。

甘力的《跳切 (Jump Cut) 艺术与建筑空间 —— 非线性电影以及空间的探索》，是用电影技术来腐蚀建筑、形成一种新的化合物的设想。建筑结合电影的本质是推翻建筑中静态的约定俗成，因为由静力学引申的各种静态的思想，实在是一种限制了建筑师更多想象空间的潜意识。例如，功能是分区化的静态，动线是轨道化的静态，造型是无季节的静态，等等。作者在文章中引进的不是电影的一般性动态效果，而是不胜枚举的非线性的跳切，来预见这种方法可以把建筑氧化为新的化合物，虽然作者在这方面的实践还没有在书中呈现，但相似的思想在当代建筑史和建筑教学中的案例并不缺乏。例如哥伦比亚大学建筑城规与保护学院的前院长屈米 (Bernard Tschumi) 在 1981 年提出的"曼哈顿手稿"(The Manhattan Transcripts)，力图寻找一种建筑学对生活现实的新的图解方式，对其后来的建筑创作有非常大的影响；国内南京大学建筑学院鲁安东教授已经开设十年的"电影建筑学"课程，力图用电影的概念来延伸建筑学对真实空间的操作范畴。它山之石可以攻玉，用电影来"氧化"建筑，也是寻找建筑突破口的一种方法。

文天奇的《移动建筑学》，其实是用一种被遗忘的建筑技术来氧化当下的建筑范式。与甘力对静态建筑的怀疑一样，作者先是从未来的星际居住切入这个话题。中国建筑产量的井喷往往让我们既遗忘了许多历史传统，也忽视了乌托邦的传统。这篇文章提醒读者，向前看，世界上还有过建筑电讯团 (Archigram)，还有在世的彼得·库克 (Peter Cook) 和尤纳·弗莱德曼 (Yona Friedmarn)；向后看，还有游牧部落和渔民部落的移动住居模式。其实在世界主要宗教的教义上，远古和未来是闭环的，人类的发源地伊甸园也是作为人类归宿的天堂，而人类所处的当下状况才是飘忽不定的。地壳下的岩浆在流动，法律也只保障了不超过七十年的不动产，我们为什么不打开脑洞去畅想可移动的建筑呢？用移动的概念来"氧化"建筑也许是一种更稳定的状态。

以上用"还原"和"氧化"来简单归纳出本书的力量，是强化一下"高手在民间"的看法。民间不是不受约束，而是备受约束，更需要敏锐的"还原力"和高能的"氧化力"，才能在既有的范式中找到突破口。之如攻城一样，突破是一种艰苦的拉锯战，需要持久的、有组织的进攻。本书结尾处作者们也简单介绍了"剖面学社"四年多来自发的学术活动，这令我想起了 1967 年至 1984 年间纽约的 IAUS 建筑与城市研究学院 (Institute for Architecture and Urban Studies)，这是由民间的非营利组织成立的建筑学校，学生并不多，反倒成了来访建筑师们的学社。20 世纪 90 年代后在世界建筑舞台上活跃至今的那代建筑师，他们无所事事的青葱年代大都与这个学社有关。1973 年至 1984 年间 IAUS 的出版物《OPPOSITIONS》，共 26 期，更是一个传奇，把一个边缘化的建筑学讨论最终变成当代建筑理论最核心的话题，而文章的作者们除了有后来执各高校牛耳的理论家们，还有以埃森曼 (Peter Eisenman)、库哈斯 (Rem Koolhaas) 等为代表的当今如雷贯耳、如日中天的明星建筑师们。这个案例似乎证明了建筑学的未来在于民间潜力的积攒。

如本书作者忧心忡忡地指出的："与史无前例的建设总量相对比，当代中国的建筑理论却呈现出令人尴尬的匮乏状态。"这种盲目的实用化实践，表面上实现了中国建筑亮丽多彩的风景线，而实际上超支了对未来建筑的积蓄，有可能使我们的当下建筑不是离世界更近了，反而是更远了。这不是危言耸听，因为没有理论的准备，就不可能会有革命性的超越。这一代所谓的"民间"年轻建筑师有点生不逢时，虽然他们的教育背景比上一代优越，但上一代的过早成熟、持久繁荣又扼杀了下一代的机遇。即使这个状况是个不争的事实，甚至这一代非常有才华、并已经做出一定成绩的年轻建筑师在民间的学术居首时戏称自己是"垮掉的一代"，但也有一种更加理性的说法："机遇只偏爱有准备的头脑。"这种准备不仅仅是理论的准备，也是理论平台的准备，"剖面学社"也好，《剖面集》也好，就是这种民间理论平台。

　　最后我还想援引两个当下的案例，来表达我对《剖面集》的期待。一个是近处的例子，就是北京建筑大学的金秋野和中国美院的王欣两位老师近年来主编的《乌有园》，虽然主编们坐镇高校，但文章的立场、观点和方法还是"民间"的，具有个性化的、反正统的精神，并且也使作者们从这种非正式的组织雅集逐渐聚变成一股学派。另一个是远处的例子，就是 2010 年在威尼斯出版的《SAN ROCCO》杂志，今年已经完成了它的第二个五年计划。这是一本每期有个主题、每期的结尾主编再发起一个召唤投稿的新主题的民间杂志。在国外，虽然出版不分官方和民间，但这本杂志有非常浓的民间学术味道，它相信建筑是一种集体的、多元化知识，所以希望作者面广，文章形式多样，甚至几行话、一张明信片都可以。但这不代表它没有学术水准，也不代表发言的全是民间的无名之辈，许多有思想的建筑师都是它们的作者。这两个以书代刊的杂志，绝对可以作为《剖面集》的对标标竿。

　　"高手在民间"是个不争的事实，但也需要一个能让其浮出水面的机制，这本书的出版就是这个机制的体现，期待它的下一册。

2020 年 1 月于北京

目录

剖面绪论

现状、困惑与理论研究

国一鸣　林婉嫕

复杂的行业现状

当代中国建筑学所体现出的复杂性是社会复杂性的映像。诚然，中国建筑学曾经有过独立的现代化探索阶段，但在国际意义上走向现代化还是始于 20 世纪 70 年代末，这也决定了在国门开放之初，所有理论观念是一并涌入的：古典的、前现代的、现代的、国际风的、新现代的、后现代的，乃至 20 世纪 80 年代末兴起的解构主义。这些观念在欧美社会是逐个诞生的，后一个发生于前一个的基础之上。但在彼时的中国，它们几乎是在同一时间闯入了从业者的视野。观念的杂糅使得中国建筑师的"现代化"不是复制西方世界的历史进程，而是体现出强烈的共时性，并伴有明显的本土化倾向，这种本土化既有自然、历史、人文层面的，也有经济及市场层面的。所有这些特征像一幅幅半透明的图像，叠加在一起，反映在 40 年来的中国建筑行业中（图 1）。

建筑师的困惑

如此复杂的局面使得中国当代建筑不可能用西方单一时代的建筑理论来解释，更不用说利用它们作为当代建筑设计的指导。我们缺失一种属于我们自己的现代建筑史。本土建筑师被困在这张巨大的迷网之中，仅仅是在困惑中惯性地向前，鲜有人进行根本性的思考，更鲜有人愿意做出尝试和挑战。反思的

图1 杂糅的中国当代城市图景

缺失导致了实践的迷茫——还没搞明白现代主义，后现代就来了；还没消化解构主义，参数化就来了；还没协调好各专业的分工，BIM 就来了；还没弄懂互联网，大数据就来了；还没厘清理论的头绪，地产商就来了……然而，当"落地"被天经地义地视为首要甚至唯一的目标，当目标优先、效率优先、客户优先成为大多数建筑师的从业准则时，建筑也随即沦为一种商品生产行为。于是前述的种种乱象的出现也就不足为怪了——毕竟商品是以追逐利润最大化为使命的。在房地产疯狂发展的十几年里，中国的建筑市场迎来了历史性的巅峰，然而，建筑师却已无法在这样快速的节奏中慢下来，去重新审视这个行业本身。设计的价值远远敌不过市场的非理性导向。而在土地价格的神话面前，建筑也并没有太多的话语权。在这个建设量空前高涨的年代，从业者不得不在紧张的建设周期压迫下进行不断的自我重复；空间被折合成了用于销售的数字；"简欧""法式""地中海"这些堆砌的符号标签成了设计初始的导向……青年建筑师们曾经对于设计价值的理想主义的尝试，最终在自己的职业发展道路上渐渐消失。

失位的理论研究

　　然而，仅仅只是这些外部因素给建筑师带来了矛盾与困惑吗？自欧洲文艺复兴以来，建筑师除去工匠的属性外，还扮演着社会的思考者和发声者，甚至引领者的角色，这一层身份在西方现代主义运动时期被发挥到了极致，建筑师一度成了炙手可热的公众人物。但是在地产行业鼎盛时期的中国，建筑师们却不得不服从于市场，偶尔的抗争也显得绵软无力，廉价的设计随即在市场中泛滥。这种廉价并非仅限于建造层面，更多的是思想意识层面的停滞不前。与史无前例的建设总量相对比，当代中国的建筑理论却呈现出令人尴尬的匮乏状态。在中国高速发展的 40 年间，本土建筑师的身份与西方的同行们有着本质不同。在这里人们亟需大量的建筑满足最基本的生存要求，于是建筑师被等同于绘图员，建筑学教育也趋向于这样一种培养结果。然而，建筑学是一门很难被定义的学科，它既需要工匠的精神，也需要美学的升华。建筑学介于很多学科之间，也可以向很多学科靠近，但始终又保持着某种距离，恰恰是这种若即若离的状态形成了建筑的自主性，而在当下中国复杂的行业现状中，这种复杂性就表现得更加复杂。诺曼·福斯特爵士(Sir Norman Foster) 在《第三次工业革命》(*The Third Industrial Revolution*) 一文中曾提到，欧洲的城市化过程用了 200 年，而中国只用了 20 年。然而真的可以只用 20 年吗？这里说的 20 年只是建设的时间，而不是思考的时间，西方社会走过的道路轻易是绕不过去的。这种思考置于建筑学中就是指关于建筑理论的研究，尤其是在本土，建筑师们更应当去重新审视与构建中国当代建筑的理论体系。

何为"有用"

然而理论研究到底能有什么用？在建筑学内部总能听到这样一种反智的声音。事实上，如果只是希望得到一些能立竿见影地解决眼前问题的答案，理论研究的确是不起任何作用的。也正是基于这个前提，本书对于怀有即插即用理想的读者而言，并不能算是一本"有用"的读物。但问题就在于建筑不只是社会商品，它有着更加多重的属性。当我们用一门学科的标准来严肃地度量它时，顶着建筑师头衔的从业者们的工作就不能不受到质疑了。设计单位的总工抱怨毕业生的想法不切实际，有些时候是所处立场不同而致——初出象牙塔的年轻人耽于幻想，久经沙场的老江湖则迫于现实。被项目所累的一线实践者们无暇深入思考，而为数不多的研究人员则是在钻研书本，理论与实践只得不断脱节。对于历史与理论的反思不是为了别的，而恰恰应当是为了实践。

谁来做研究

既然如此，理论研究的工作该由谁来做？这就涉及研究的目的。历史学者的工作更像是侦探，追寻着某年某月的某个真相；评论家则负责对建筑师的作品做出品评——当然这么说也许把他们的工作表述得过于简单了，但他们的视角与建筑师绝不会相同。建筑师的身份决定了他终归是要走向实践的，只是这实践中须带着对学科知识的深刻反思。那是一种个人化的、以创作为目的但无须把实现当作唯一准绳的思考方法。我们姑且把它称作建筑师个人的建筑观。中国当前的行业现状加剧了建筑学自身的复杂性，为了厘清这种复杂性，就需要从不同角度重新审视建筑学。在本书中我们集结了几位年轻建筑师从各自视角观察到的建筑学，他们是伴随着中国当代建筑成长起来的一代，对于学科和行业有着各自的认知。

意义深远的"误读"

那么问题来了，面对这些充斥着个性主张的观点应该如何做出评价？在看似芜杂的论述中又该如何分辨真知灼见与无稽之谈呢？在这里我们希望建立一种评价标准，也是剖面学社作为一个学科团体的基本主张之一，即只要这种观点能够引导出值得进一步探讨的实践行为，我们就要对此种观点给予足够的

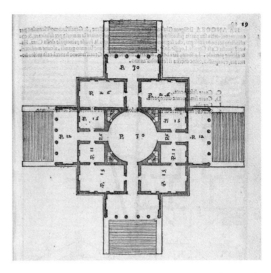

图 2　圆厅别墅手稿[1]，帕拉第奥

重视，即使在它被提出的伊始，尚未给出足够充分的论证。建筑的发展史印证了建立这种评价标准的必要性。

帕拉第奥 (Andrea Palladio) 接受了巴尔巴罗 (Daniele Barbaro) 对于建筑起源的解释，认为独立住宅是所有建筑的原型，据此将以往典型的教堂形式语言应用到住宅设计中，这种看似偏执的复古做法却意外开启了一个全新的世俗化的创作历程（图 2）；皮拉内西 (Giovanni Battista Piranesi) 受到伊特鲁利亚文明 (Etruria) 再发现的影响，执拗地相信罗马人才是欧洲主流传统的继承者，并由此创作了一系列以罗马文明为背景的铜版画，其想象力来源于非历史的建构；勒·柯布西耶在帕提农神庙中看到了人体的黄金比例（图 3）他将工业革命的成果（飞机、汽车、轮船）与古典比例拼贴在一起："这个精确性，这个加工的光洁度，不仅仅讨好一种新产生的对机械的感情。斐底亚斯早已感到了，帕提农的建造就是证据。"[2] 这种拼贴式的解读并非经典的历史

1　Palladio A. I Quattro Libri dell' Architettura [M]. Libro II. Venetia, Apresso Bartolomeo Carampello, 1581: P19.
2　（瑞士）勒·柯布西耶．走向新建筑 [M]. 陈志华，译．西安：陕西师范大学出版社，2004: 107.

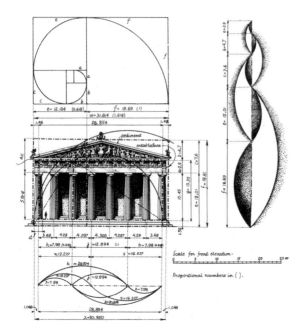

图 3　帕提农神庙中的黄金比例

研究方法，而二者间也看不到必然的联系，但强烈的主观解读
影响了其后一个世纪的建筑实践。

　　建筑师的工作是一个创作的过程，创作者只需对作品负责，
对学科的解读可以是主观甚至任意的，也可以是碎片化或跳跃
式的，一些未必公认的观点可以被轻易拈来以支持创作需要。
我们把这种带有明显主观色彩的观点称为"误读"。此处的引号
不可缺少——在实践面前无所谓正误，都是些等待着时间检验
的尝试之举——正是由这些"误读"引领的一次次实践造就了
诸多影响深远的历史杰作。从这个意义上讲，"误读"不应被回
避，甚至应该被鼓励。

"剖面"的主张

　　依据前面的说法，这里的主角应该是以建筑师为代表的实践者们。站在实践者的视角看，如果将建筑学看作一座构筑物，我们对这门学科的各种解读便是在为这座构筑物求取"剖面"。为了发现更多内涵，就需要不断地转换剖切的角度，当角度转换时，原先连续的部分可能被截断，而原先被割裂的部分将可能被重新联系起来，学科继而被重构，隐匿于角落里的现象浮出水面，新的灵感将被激发。变换角度的剖切对实践是有指导意义的。

　　建筑师只有很清楚他所设计建筑的身份和来历，才能有针对性地采取相应的策略。一座建筑的身份往往是杂糅而重叠的，罗马竞技场在作为运动场的鼻祖之前首先是个公共集会场所，同时是一座战争纪念碑、一座监狱、一座观演舞台和一个建立于地震多发区的抗震结构（图4）。因此在设计这样一座建筑时必须认识到这几重身份并做出尽可能全面的研究，才有可能真正得到属于该时该地的建筑，而前面强调的变换了角度的剖面就是为了支持这样的设计研究。我们无意写下一些晦涩的文字，研究终为创作，而非为了研究本身。

　　在过去的四年多时间里，"剖面计划"的主要存在形式是每月一次的现场分享沙龙。主要成员都是在职的建筑师，他们秉持着各自的建筑观，每个人有着自己相对稳定的持续性课题研究，以松散的形态聚集在一起。然而在这些参与者中，不知

图 4　罗马竞技场

不觉地竟已形成了某些共同的价值判断以及相互关联的逻辑链条，这一点始料未及，但也在情理之中。

　　总体来看，建筑理论包括两个层面的内涵：建筑哲学和方法论研究。在这部看似零散的文集中存在着一条隐含的线索，即从纯粹的理论思辨向着可以实践的方向过渡的趋势，这也是书中两个最大章节的由来。在反思的部分里，首先谈论了现代主义的产生过程，这个过程是基于建筑本体的，重点关注一些内部要素的相互转化，"现代"作为一个中性的结果最终被呈现；而后当我们把这个结果放在资本社会中谈论时，"现代"便成了一个观察的起点，建筑也因为资本的过度注入而失去了部分的自主能力；但建筑师并不会因此而悲观不作为，在他们投身创作的时候，很少有人关注在他们的大脑中发生了怎样的化学反应，创作在本质上是一个认知的过程，认知语言学的引入可以有助于我们揭开这个黑箱。在方法论的章节里，两位建筑师分别探讨了两种打破常规认知的创作可能，即非线性叙事和移动建筑，前者从影像作品中的叙事方法入手，类比地探讨一种倒叙或插叙的空间体验方式，尽管若想全面实现这样的空间需要相对苛刻的条件；而后者则是彻底打破了"建筑是凝固的音乐"这种固化的观点，虽然以往的理论著述中或多或少都有涉及可变性的话题，但极少有人明确且系统地总结出来，而移动建筑这样的主张不仅代表了一种思维方式，同时具有极强的可操作性。这样的研究切入点几乎涵盖了建筑理论的几个主要维度，从理论逐步迈向实践也是学社自成立以来坚持的基本立场。

研究的平台

作为建筑理论研究方面的尝试，所谓学社只是提供了一个平台。虽有宣言在前，但我们并不想宣誓任何新事物，仅仅是希望唤起一种回归，让建筑实践与理论的关系回归正常的相位。这本不该是一个需要被特别提及的话题，但二者失位的现象正在这个时代现实地发生着。我们深知自己的所做不足以改变任何的现状，但倘若能在这片沉寂太久的深潭上泛起即使一丝涟漪，便已然大大超出我们的预期了。

上篇

回溯与反思

建筑的历史边界

课题关键词：**边界**

> **"**处在"边界"上的事物有着最丰富的可能性

　　"边界"作为一个词语是被人为臆造出的概念，暗示了人们对于精确性的渴望以及用清晰语言诠释世界的要求。然而遗憾的是，这种所谓精确性只存在于我们的一厢情愿中，而当我们在建筑学抑或建筑史学的范畴里谈论它们时，这种人为臆造的痕迹就会越发明显。因此，消弭这种由语言带来的误解，从而接近一个真实而多元的世界便成为我们此处的理想。基于建筑学中的"边界"现象，我们可以进一步以时间和空间的维度划分出两个子课题："动态的建筑史"和"建筑的第四道墙"。

现代的滥觞

边界视角下的欧洲建筑理性化历程

国一鸣

边界与现代主义溯源

按照伯特兰·罗素 (Bertrand Russell) 的说法，语言表达存在一种谬误，这种谬误就是把词的特性当作事物的特性。模糊性[1]和精确性一样，只涉及表达手段与表达内容的关系。由此我们可以作出一些推断："边界"作为一个词语也是被人为臆造出来的概念，其中暗含了人们对于精确性的渴望以及用清晰的语言诠释世界的要求。然而遗憾的是，这种所谓的精确性只存在于我们的一厢情愿中，甚至当我们试图将这个概念表达出来时，便会发现它已经模糊得一塌糊涂——事实上，世界早已在那儿，既不清晰也不模糊，它远远先于语言的表达。清晰的是愿望，模糊的是语言。处在"边界"上的事物有着最丰富的可能性，越是发现这些可能性，我们也就越加接近世界的本来面貌。而当我们在建筑学抑或建筑史学的范畴里谈论它们时，这种人为臆造的痕迹会越发显而易见。因此，我们希望消弭这种由语言表达带来的误解，进而接近一个真实而多元的世界。

建筑学的历史至今仍然被认为是一个关于时间的课题。在时间的线索里，我们习惯于将历史划分为不同的时期，并讨论那些特征鲜明、足以象征时代的作品。这样划分的好处是可以清晰地看到历史的起伏与更迭，但也很容易让建筑史被当作阶段性推进的结果而忽略年代之间的联系。在这里，我们试图通过考察那些带有模糊特征的实物和文献，寻找推动建筑学发展

1 对于模糊性，现代学术界有三个意义相近的名词：歧义性 (Ambiguity)、含混性 (Vagueness) 和模糊性 (Fuzziness)，在模糊理论形成的初期，对几个词的辨析尚不准确，罗素在 1923 年发表的《论模糊性》一文中使用的是 Vagueness 一词，但主要谈论的却是 Fuzziness 的内容，关于两个词语的辨义详见洛特菲·扎德 (Lotfi A. Zadeh) 于 1979 年发表的《模糊集》(Fuzzy Sets) 一文，本文中涉及的模糊性概念取用 fuzziness 的内涵。

的背后动力，在当代的语境下重读建筑史——历史的意义存在于解读的过程中。

关于现代主义的话题已被无数次地谈论，它的源头该追溯到何时？是什么力量推动建筑学发展至今？为了避免这种追溯行为向着历史的深处无限制地蔓延，我们应该适可而止地寻找一个时间节点，在这个节点上一些关键的要素正在或将要发生涉及本质的转变。站在当代的立场回望建筑史，从 18 到 19 世纪就是这样一个暗流涌动的时期。而当我们把"世纪"的外延界定得再宽泛一些，并从造成这一时期总体面貌的前因入手，分析相关联的理论著述与实物遗存，或许可以从一些方面窥见现代建筑的形成过程及内涵。

在这篇粗浅的评议中，"边界"一词具有两个层面的内涵。其一是历史意义上的，即整体上作为对现代主义缘起的时间界定；另一个则是基于建筑学内部的，在这个关于缘起的探索过程中观察建筑自身各个要素间的关系及演变。这种观察同时基于对文本和实例进行分析，一些实例由于观念或技术的限制只是停留与图纸上，却也正是如此才凸显了它们的实验性。诚然类似的分析工作已经被一些学者尝试过，但当我们先入为主地带着一种边界的视角再次审视并整合这些素材时，或许会看到一些全新的情景。

生活在 15 世纪意大利的天才们有着令人惊叹的洞察力。莱昂·巴蒂斯塔·阿尔伯蒂 (Leon Batista Alberti) 希望将当时的建筑师从工匠的身份中解放出来，为了让他们的工作显得足够高贵且与众不同，他将装饰从建筑的其他部分中分离。阿尔伯蒂希望用数学的方法解决建筑中的美学问题。在这个求解的过程里，他注意到了一个十分敏感的元素——柱子，甚至认为柱子是整个建筑艺术中最值得关注和应为之花费代价的部分，并将其视为一种永久性的装饰，而这种装饰才是属于建筑师的最高贵的工作，建筑师从此脱离了工匠的身份，转而服务于美学的需求。

　　然而在古代希腊神庙中，柱子显然不只是装饰物，它是支撑梁的主要力量来源，是独立的结构构件。但情况到了罗马时期有了改变，不仅仅是柱子的样式从三种增加到了五种。如果我们今天考察以竞技场为代表的帝国建筑，会发现虽然能够清晰地辨别立面上的不同柱式，但远远望去，映入眼帘的只是一圈挖掉拱券后的围墙。在这里起支撑作用的是外墙，柱子褪去了神庙中的主导地位，沦为附属于墙面的类似浮雕式的装饰。罗马建筑总体呈现出以厚重的墙身作为主体结构的特点，这一点与希腊神庙建筑有着极大的不同。当15世纪的人文主义者试图复兴古典精神时，他们选择了回到罗马，并将墙体系作为建筑的结构基础。阿尔伯蒂是把柱子当作墙的一部分来看待的，认为一排柱子就是在几个地方用开口穿透了的一堵墙，而不是别的什么。

　　由此，柱子的附属身份被确定，柱子自身以及柱子之间的数学关系成为衡量这种装饰美与丑的主要依据，大量的半壁柱出现在建筑的立面，为其后近三个世纪的学院派建筑体系提供了牢固的理论基础和直接的创作手段，阿尔伯蒂本人也是这个

观点的积极实践者。基于这种理论的古典学院派强调比例的对
称与和谐，将比例视为先于建筑的首要存在，当然，对于比例
的认知体系早在维特鲁威 (Vitruvius) 的时代就已经建立起来了。
比例的概念中既包含柱子自身的比例，也包含了柱子在立面上
分布的规律。这样的观点至少暗示了两层含义，即结构与形式
的分离以及存在于立面上的一种被预设的数学关系，这也为三
个世纪之后发生的一系列变革埋下了伏笔。

一门学科长期积累下的思维习惯往往需要一些"外行人"
来打破。克劳德·佩罗 (Claude Perrault) 作为一个外科医生，被历
史所铭记的却是关于建筑的著述和作品。1664 年，让·巴普
蒂斯塔·科尔贝 (Jean-Baptiste Colbert) 被任命为路易十四的皇家建
筑总管，负责主持卢浮宫的东端扩建工程。由于对原东立面的
方案不满，工程陷入停滞，直到 1667 年，才确定了佩罗于三
年前所提过的方案。虽然这其中是否有他彼时身为科尔贝秘书
的弟弟夏尔 (Charles Perrault) 的功劳不得而知，但在这个设计中
确实有一些与文艺复兴以来的趣味相异的倾向已经显现出来
（图 1-1）。

佩罗不认为存在一种通行的建筑准则，即一种预先设定的
创作方法以及评价标准。在装饰原则的引导下，文艺复兴以后
的建筑渐渐被单一化和图像化，佩罗抛出的问题迫使人们重新
思考形式之于建筑的意义。双排柱式的大面积应用动摇了古典
比例的唯一合法性。虽然不是每一个响应者都像佩罗一样从根
本上否认这种预设，但人们至少开始意识到装饰和比例并不能

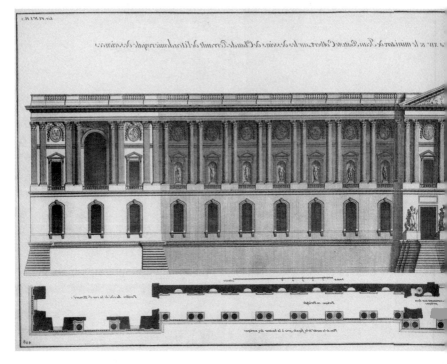

图 1-1　佩罗设计的卢浮宫的东立面 [1]

涵盖建筑的全部本质。这一观念的缘起甚至早于约翰·洛克(John Locke) 在哲学上的成就。在 1684 年再版维特鲁威的法语译本时，佩罗将这个设计印在了扉页上（图 1-2），也足见他对于这个项目的重视程度。

　　另一个层面上，在佩罗的立面中，科林斯的柱式被两两一组地独立在墙的外侧，这与一直以来将柱子作为装饰的原则大相径庭，柱子成对地出现，它们不再是墙的附庸，而是（至少在形式上）恢复了其承重的基本职能，而这样的情景只在希腊时代的神庙中出现过。石材的背后隐藏着螺纹铁筋拴成的固定结构，这一点从后来的价值观看并不是一个十分积极的表现，但当时而言，至少是一个主动应用技术与重新认识建筑本体

1　Blondel J F. Réimpression de l'Architecture Française. Paris: Librairie Centrale des Beaux-Arts, 1905: 48-49, Fig.7.

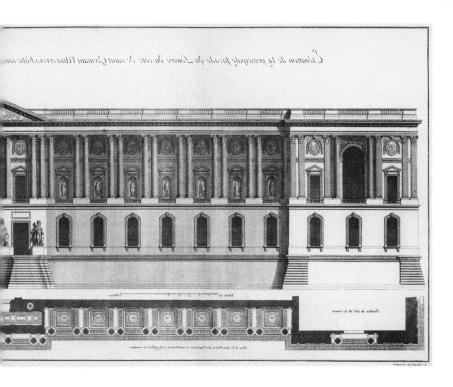

的尝试。在其后与 N·布隆代尔 (Nicolas-François Blondel) 的论战中，这个充满理性诉求的作品被冠以"哥特主义"之名，这在当时算是一个贬称了，但佩罗欣然接受了这个评价，也为之后的希腊—哥特的理想结合埋下了种子，在他翻译的维特鲁威的著作中立场鲜明地表明了这个观点，他热爱哥特式建筑中的光线和由此形成的通透效果，这使它们区别于古人的作品，尽管那或许不是最美的建筑风格。

从建筑的本体特征来看，现代主义的起源可以大体上视为两条边界模糊化的过程：一条是形式与功能的边界，具体体现为一场关于图像化的危机；另一条是形式与结构的边界，也就是爱德华·赛克勒 (Eduard Sekler) 所诠释的"建构"(Tectonics) 一词

图 1-2 《建筑十书》法语译本 1684 年版扉页，远景可见卢浮宫的东立面 [1]

的含义——形式、功能、结构这三者在以往很长时间里都是被割裂的，毋宁说现代建筑正是形式与其他两个要素彼此渗透的结果，而我们至今仍在享用或承受着这样的结果。因此，在建筑本体的意义上，卢浮宫的东立面可以被看作一个具有象征意味的分水岭，在这个节点上，建筑开启了图像和建构两个方向上的理性化历程。这两条线索时而明晰时而含混，最终在 20 世纪 20 年代前后完成了历史性的融合。

图像化的危机

埃德蒙德·胡塞尔 (Edmund Husserl) 在《欧洲科学危机与超验现象学》(*Die Krisis der Europäischen Wissenschaften und die Transzendentale Phänomenologie*) 一书中提出并解释了科学危机的概念，他认为是欧几里得几何学的观念化导致了近代科学的危机。如同几何学中抽象图形的地位，欧洲人坚信存在一个先验的理想化模型并试图找到这个模型，人们普遍认为真理是绝对且永恒的。在建筑领域里也发生了同样的事情，正是这样的认知使得 18 世纪前的学院派建筑师执迷于对古典比例的追求，并将其奉为建筑设计的圭臬。当然，这种理想化的模型早在维特鲁威的时代就已经被树立起来了。阿尔伯蒂在《建筑论》(*De re Aedificatoria*) 一书中关注最多的话题之一也正是比例：

1　Perrault C. Les Dix Livres d'Architecture de Vitruve, Corrigez et Traduits, Paris: Jean Baptiste Coignard, 1684: frontispiece.

> 外形轮廓的作用与责任就在于，要为那些完整的建筑物，以及这些建筑物上的每一个组成要素，确定一个适当的位置和一些精准的数字、一个适当的尺度，以及一个优美的秩序，从而使这座建筑物的整体形式与外观可以完全依赖于它的外形轮廓。[1]

这是全书开篇中的一段话。在这段话中，"位置""数字""尺度"以及"秩序"这些词汇已经分明地指向了"比例"一词的内涵，虽未提及原词，但足以揭示一种几何学式的观念对于那个时代建筑学的重要性，而这种重要性几乎是压倒其他一切的，建筑设计随即成为一种图像化的工作。

这种基本认识与工作方法使得比例被神化为一个信仰式的概念，继而统治了欧洲主流建筑领域两百余年。牛顿于 17 世纪晚期的力学发现在科学上动摇了先验世界存在的基础，洛克进而从哲学上否认了先验的可能性，建立了一个以个人经验为基础的新的世界观，这样的观点随即扩散到包括建筑学在内的社会各个领域。两个多世纪以来，比例具有的天然合法性遭遇了前所未有的威胁，来自佩罗的质疑挑战了这一概念的权威。他认为这种先于其他的绝对标准是不存在的，从而主张个人化的建筑体验和一种相对的价值评判标准。佩罗的观点遭到了以 N·布隆代尔为代表的法兰西学院派建筑师的反对，布隆代尔坚持捍卫古典比例的唯一合法性，他援引众多知名建筑师的作品试图证明尺度之于建筑外观的重要性，并由此断定，对

1 （意）阿尔伯蒂.建筑论 [M].王贵祥，译.北京：中国建筑工业出版社，2010：3.

于比例的任何增加或减少正是建筑师智慧的体现，他甚至极端地相信建筑是数学的一个分支——考虑到 17 世纪数学领域的成就以及由此造成的社会影响，这样的认识在当时的大环境下并不算稀奇。然而他并没能区分建筑中的比例关系与一般意义数学关系的相异之处，即便在既有的建筑比例中，也未能辨别它们形成的原因——哪些是由技术因素决定的而哪些仅仅是出于美学的动机。佩罗随即指出了比例原则的局限性——在以防御工事为代表的功能性建筑中，比例和装饰细部的改变并不会影响建筑的建造目的，相反地，其尺度往往是固定的。面对佩罗一轮又一轮的质问，布隆代尔意识到了传统建筑学的危机，基于比例和装饰的图像化准则已然不足以涵盖建筑的全部内容。这个论战的过程引起了学术界的广泛关注，很多人都被卷入其中，而比例的地位一直是议题的中心。

佩罗的主张在很长一段时间被淹没在质疑的声音里。到了 18 世纪，另一位布隆代尔 (Jacques-François Blondel) 部分地接受了他对于比例的观点，同样不认同比例之于建筑的决定性作用，但也不否认存在一个先验的法则，只不过那个法则不再是比例。J·布隆代尔强调建筑的个性，对以往的装饰主题作了严格限制，它们只可以出现在那些必须出现的地方，而这里的个性指的是一种反映真实的趣味，它以单纯、明确的特征贯穿在建筑上下。在对比了从埃及到哥特等文化圈层后，越发凸显出彼时法国建筑过分注重装饰的矫揉造作之风。

　　从 18 到 19 世纪，巴黎之于欧洲的中心地位决定了许多重要的学科变革将萌芽在这座城市里，也因此对这一时期的考察会大量集中在当时的法兰西皇家建筑学院 (Académie Royale d'Architecture)。作为 J·布隆代尔在皇家建筑学院的学生，艾蒂安·路易·布雷 (Étienne-Louis Boullée) 在对于建筑本质的认识上继承了老师的观点，即否认比例的中心地位，并试图寻找一个替代物。最终他选择了自然这个看似完满但实际上有些似是而非的概念。这里的自然并非具体的自然物，而是泛指的自然界，他认为没有一个想法不是起源于自然的。如同被光线勾勒出的自然景观一样，建筑给人的宏伟印象也是蕴含在形体中的，这些体量通过特定的方法形成一个整体，充溢着发展的可能性。

　　布雷关注形体的规律性 (régularie)、对称性 (symétrie) 和多样性 (variété)。在他看来，球体是完美结合这几个要素的典范，也因此在他的众多设计中，球形和圆形占据着非常重要的位置。作为仅存的建成作品，在亚历山大酒店 (Hotel Alexandre) 的立面设计中，布雷应业主要求模仿了小特里亚农宫 (Petit Trianon) 的风格，这座小型但是精致的宫殿在当时被认为是褪去了装饰的古典主义的典型代表。即使创作空间极为有限，也还是可以看到立面上一些圆形洞口的痕迹。

　　牛顿纪念堂是一个绝佳的纸上实验，为纪念牛顿逝世 50 周年而做，这一特殊题材给了他将全部建筑理想集中展现的机会（图 1-3）。在类型学上，由于是为了凭吊故去的前人，布雷借用了奥古斯都陵墓的圆形平台式基础并将其放大到超乎寻

图 1-3 牛顿纪念堂, 布雷, 1784[1]

常的尺度。层叠的平台上种有柏树，一个直径超过 150m 的球形空间嵌在平台中，内部试图创造一个万神殿式的穹窿空间，但在尺度上远超万神殿。向上逐渐收窄的墙壁上开有若干小孔，白天自然光线从其间渗透进来，形成夜晚繁星的效果；中心悬挂一部可以发光的浑天仪，夜晚则亮如白昼。一副形式上的棺木摆在穹窿最下方的中心，象征牛顿悬浮在那个他所揭示的宇宙中，在失去方向感和尺度感的巨型空间里，自然这一主题得到了最大程度的诠释。强调建筑的体量与几何特征是布雷作品中的重要特征，在他的一系列手稿中可以清晰地看到几何化的形体关系压倒了 18 世纪以前一以贯之的装饰主题。

克劳德·尼古拉·勒杜 (Claude-Nicolas Ledoux) 与布雷同为 J·布隆代尔的学生，观念上也承袭了其师对于比例的认识，也同样不认为古典柱式可以代表建筑的全部本质且不适于广泛应用，只是理由略有不同。他认为以爱奥尼克和科林斯为代表的柱式

1 原稿存于法国国家图书馆（Bibliothèque nationale de France）

大量应用了莨苕叶的元素，但这种植物只产自地中海一带，在其他地域例如北欧就不适合使用。勒杜接受了布雷以自然为中心的建筑观。在一幅名为《穷人的庇护所》(L'abri du Pauvre) 的画作中，他通过画面传达了一个基本观点，即自然是人类最终的居所，在现实之上有一个神性的法则荫蔽着世间万物。

他相信建筑存在一种原始的形式，只是被后世的人们渐渐扭曲了，而建筑师则可以通过敏锐的观察来重拾这样的形式。为此他选择了和布雷一样的抽象几何形体来表达建筑的意义。埃米尔·考夫曼 (Emil Kaufmann) 将勒杜作品中体现出的特征描述为一种"说话的建筑"(Architecture Parlante)，后来这个概念被延用到同时代的布雷、勒克 (Jean-Jacques Lequeu) 等人身上。在勒杜的理解中，建筑的意义还只限于建筑的功能性身份，于是在实际操作层面，他的作品就成了通过几何形体描述建筑功能的简单行为。一如考夫曼的论断，这种说话的建筑开始于对建筑本体彻底改革的强烈愿望，却终止于浅层次的象征主义。

勒杜选择用烧炭窑 (meule à charbon) 的形状设计烧木炭工人的工作间和宿舍；用炮管的形状设计铸炮工厂的厂房；用一段水管的形状设计河流源头水文勘察员的居所，水流从环形建筑的中心穿过，可以看到外墙上由于通风和采光的需要而留有一些竖向开窗，但看得出这些开窗并不属于整个建筑的语言体系，那只是建筑师为了满足功能需要而不得不采取的措施（图1-4）。勒杜对于功能的理解是直接且图像化的，借由某种具有明显含义的形象来完成平面布局，从而表现出对应的功能属性。

图 1-4　勘察员之家, 勒杜, 1775-1779[1]

　　在他的作品中, 建筑在努力表达着自己的身份, 位于肖村 (Chaux) 的制盐工厂则是一次更加具有现代意义的尝试。在勒杜提交的第一版方案中, 平面被排成了正方形, 除去将主要的几个节点用直线串联之外, 还将主入口与两侧职工宿舍入口以及正对入口的盐水池斜向连接起来, 显然是出于交通效率的考虑, 这一特点为建筑形式赋予了以往图像以外的意义 (图 1-5)。然而这一方案并没有能够通过工厂业主的审查, 他们一则认为从平面的类型来看, 与其说是工厂倒似乎更像一座修道院; 二来围合式的布局使建筑的四面变得封闭, 不利于消防疏散, 于是诞生了那个著名的修改后的总体方案。

　　在新的方案中, 平面变成了近似的圆形, 管理用房被置于圆心, 象征其中心职能的地位, 两侧安排盐水池, 工人宿舍环绕四周, 增加了更多的放射状通廊, 将工厂的内外连接起来, 改善了疏散的条件 (图 1-6)。在这前后两版方案中可以看出, 勒杜对于形式的自我表达已经从单纯的图像隐喻转变

1　原稿存于法国国家图书馆。

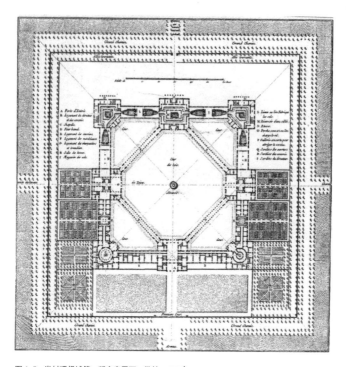

图 1-5 肖村理想城第一版方案平面，勒杜，1775[1]

图 1-6 肖村理想城修改方案鸟瞰效果，勒杜，1804[2]

为更加复杂和理性的功能考量。值得一提的是，勒杜于 18 世纪 80 年代建成的巴黎地狱之门 (Barrière d'Enfer) 以及特勒森酒店 (Hotel Thellusson) 等作品启发了前来造访巴黎的弗里德里希·吉利 (Friedrich Gilly)，后者也成为最早关注法国建筑的德意志建筑师之一，这种价值取向也直接影响了他的学生卡尔·弗里德里希·辛克尔 (Karl Friedrich Schinkel)。

在形式功能化的道路上，让·尼古拉·路易·迪朗 (Jean-Nicolas-Louis Durand) 的理论是一座绕不过的界碑。他大幅发展了他的老师布雷的论断，并进行了大量习作实验。18 世纪末的大革命客观上改变了建筑的使用者群体，从革命前的贵族阶层变为了广大市民阶层，建筑师的身份也从贵族的受雇者变为了市民的服务者。医院、学校、博物馆等以公众需求为导向的新建筑类型也由此诞生，建筑师不得不面对大量此前从未碰触过的新功能。迪朗在大革命期间赢得了众多公共项目的竞赛，但没有一个真正可以建成。将他的设计与布雷作对比，可以同时看出传承与变革的部分。迪朗在一座博物馆的设计中使用了与布雷的博物馆相似的平面逻辑，两者都采用修道院式的四方结构，并在中心位置相交于一个圆形空间（图 1-7）。只是在布雷的体系中，重要的是建筑的尺度以及由巨大尺度带来的图像化的崇高感，平面只是实现这种崇高感的工具，并不能体现博物馆建筑的独特性（图 1-8）；而在迪朗的平面中明确标明了各功能的分区，节点之间的连接表明了交通流线的制定逻辑。在他为巴黎综合理工学院讲课的辑要中提出了明确的主张，即适

1 Ledoux C N. L'Architecture Considérée sous le Rapport de l'Art, des moeurs et de la legislation, Tome 1. Paris: l'Auteur, 1804: 260, fig.12.

2 Ledoux C N. L'Architecture Considérée sous le Rapport de l'Art, des moeurs et de la legislation, Tome 1. Paris: l'Auteur, 1804: 266, fig.15.

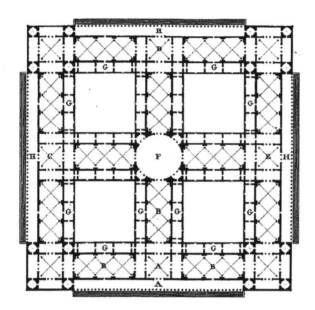

图 1-7　勒杜的博物馆方案平面，1802[1]

图 1-8　布雷的博物馆方案平面，1783[2]

宜性 (convenance) 和经济性 (économie) 是建筑天然必须采取的手段。这种认识的产生与路易十六执政时期极端恶化的法国财政，以及大革命期间对社会资本的过度耗费有着直接的关系。

1 Durand J N L. Précis des Leçons d'Architecture Données à l'École Polytechnique, Tome 2. Paris: l'Auteur, 1805: 126, fig.11.

　　适宜性和经济性原则的提出为建筑形式找到了比例之外新的依据，一个比自然更加明晰也更加现实的诉求。因此在迪朗的设计中虽然可以看到与前人类似的处理手法，但使用这些手法的动机有了明确的解释。他在 J·布隆代尔的个性说的基础上更进了一步，为装饰限定了愈加狭窄的容身之地，认为除非是为了达到最适宜和最经济的目的而不得不做，否则装饰这种行为不能被称作美，而性格才应该是建筑师的唯一关注点。他甚至为已建成的圣日纳维夫教堂 (St. Geneviève Church) 提出了修改建议，批判的理由就是其高昂的造价和不实用的内部空间（图1-9）。他将原方案的高度降低，创造了一个被柱廊环绕的穹窿式空间，原先的希腊十字平面变成了万神殿式的圆形平面，更符合教堂后来被用作先贤祠的功能要求，同时节省了造价。

　　牛顿纪念堂的形式语言在这里重现，但显然改变了背后的创作动机。理性的创作原则同时反映在平面和立面的设计中，为了能以经济的做法实现设计和建造，迪朗发明了网格式的平面制图方法，将设计的过程模数化，从而便于对建造过程及建造成本的控制，这一方法也被沿用至今——早在文艺复兴以前，网格作为一种分析手法便已被熟练应用，但作为系统性的创作工具却是始自此时；在立面设计中，迪朗认为不应该设置壁柱，

2 原稿存于法国国家图书馆。

除非它们能够真实地反映内部的结构或功能，即使需要设置壁

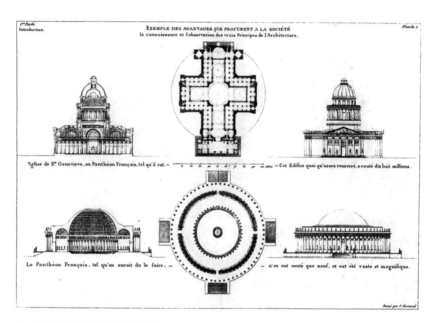

图 1-9　迪朗对圣日纳维夫教堂的修改方案 [1]

柱，也应该遵循下大上小、下多上少的原则。在迪朗构建的框架内，建筑的形式在理论上摆脱了比例先验的束缚，完成了从去装饰化到功能化的转变，建筑学也彻底走下神坛，从文艺复兴以来执着于图像的形而上的讨论转变为与生产、生活直接相关的建造活动。虽然由这种实用性思想导致的功能主义在日后饱受诟病，但作为终结古典主义的重要推动力量，这样略带偏激的主张在当时是有价值甚至是必需的，19 世纪的建筑学也由此走向了更加理性的道路。

1　Durand J N L.
Précis des Leçons
d'Architecture Données
à l'École Polytechnique,
Tome 1. Paris: l'Auteur,
1802: 88-89, fig.1

建构的理想

　　近代世界观的转变基于两条线索，一条是哲学的，一条是实证的。18 世纪中叶的欧洲发生了两件考古学上的大事，即 1739 年和 1748 年在维苏威火山脚下相继被发现的赫库兰尼姆 (Herculaneum) 和庞贝 (Pompeii)。两座古城的重见天日一则使古代罗马城市的研究获得了第一手的鲜活资料，同时展现了大量具有希腊风格特征的湿壁画，从而间接获得了希腊时代的图像信息（图 1-10）。这个事件对于当时欧洲社会的震撼是巨大的。在此之前，那个遥远的古代希腊世界只存在于浩繁的文字记载和人们的口口相传中，由于交通和传播方式的局限，历代也鲜有人迹涉足那些古老的领地。古城的发现使人们目睹了一段活生生的历史，社会上于是掀起了对于古典再认识的热潮。

　　旅行家们纷纷奔赴那些被长久遗忘的现场，加布里埃尔·杜蒙 (Gabriel Pierre Martin Dumont) 和雅克·日尔曼·苏夫洛 (Jacques-Germain Soufflot) 对帕埃斯图姆神庙 (Paestum) 的考察促使建筑学术界开始对希腊遗址展开严肃的探寻（图 1-11）：罗伯特·伍德 (Robert Wood) 从巴尔米拉 (Palmyra) 带回了对希腊建筑的精确测绘成果；朱利安·大卫·勒罗伊 (Julien-David Leroy) 则手绘再现了雅典卫城的山门；意大利的皮拉内西作为罗马文明的信徒与希腊崇拜者们展开了关于文明起源的论战。

　　一时间，一场以古代希腊为主题的社会思潮席卷了欧洲大

图 1-10　庞贝壁画中的希腊建筑特征 [1]

图 1-11　《帕埃斯图姆神庙》，杜蒙，1750[2]

1 博斯科雷亚莱别墅
(Villa Boscoreale) 中
的罗马共和国晚期壁
画，约公元前 50 ~前
40 年，现存于纽约大
都会博物馆。

2 Dumont G P M.,
Soufflot J G. Suite de
Plans, Coupes, Profils,
Élévations Géométrales
et Perspectives de Trois
Temples Antiques. Paris:
La Veuve Chéreau,
1764.

陆的主要国家。这其中以温克尔曼 (Johann Joachim Winckelmann) 的论述流传最广，"高贵的单纯和静穆的伟大" 甚至在很长一段时间里被认为是希腊艺术的第一要义，典雅也成为人们对希腊文明的直觉印象。然而在洛吉耶稍早发表的《论建筑》小册子中，这种直觉被赋予了理性思辨的色彩。

在洛吉耶神父的笔下，那个曾经被维特鲁威虚构出来的关于建筑诞生的场景再次出现并被更加形象地演绎成了一个寓言。在这个寓言中，建筑摆脱了装饰、比例等传统概念，而被明显描述为了一个实地建造的过程。配合夏尔·埃森 (Charles Eisen) 所作的《原始棚屋》插图，这种具有鲜明的反学院派、同时反社会潮流，放弃形式转而强调对象本体的立场在当时可以说是离经叛道了（图 1-12）。书中进而提出了将希腊和哥特这两种先于文艺复兴的建造方式相结合的设想，尽管这并非是这种观点的首次提出，但随着该印刷品在欧洲境内的传播，这个具有象征意味的提法被越来越广泛地接受并讨论。

不同于 9 世纪以来的官方和主流批评界对于罗马文化的眷恋和推崇，在 18 世纪先锋人士看来，则是希腊以及后来的哥特建筑代表了建筑学的最高标准——理想的建筑应该是二者的结合，而佩罗在 17 世纪的尝试为这种理想提供了最初的范本。具体到操作层面即是将希腊与哥特的建造技法相融合，这种立场也为此后一个多世纪的建筑实践提供了最基本的理论依据。如果我们在狭义的建造范畴内考察希腊与哥特建筑的特点，会发现它们其实可以被看作建造这一母题在两个空间维度上的各

图 1-12　《原始棚屋》（Primitive Hut） [1]

自延伸。希腊建筑代表了一种梁与柱的组合体系，总体呈现出水平延展的趋势。依照奥古斯塔斯·普金 (Augustus Welby Northmore Pugin) 的观点，以神庙为代表的希腊建筑使用地中海一带特产的大理石替代原先的木结构，但依然保留了木结构建筑特有的梁柱关系，而如此直白的模仿也引起了普金的诟病，他认为在希腊从未有过能够摆脱木构原型并具有丰富想象和技巧的能工巧匠，而当希腊人着手用石头建造的时候，他们也没能从这一材料中发现与木构不同的新的建造方式。当然，类似的观点并非普金首创，早在 18 世纪就曾被意大利的卡洛·洛多利 (Carlo Lodoli) 等人表述过。虽然对于希腊建筑是否起源于木构尚无定论，但这种略显极端的论调的确推动了后来发生在英国的哥特复兴运动 (Neo-Gothic Movement)。

不论木构起源的说法是否成立，希腊神庙中通过梁与柱的组合传递真实的建造逻辑这一点是毋庸置疑的。发端于 11 世纪的哥特教堂建筑则以同样的逻辑走在了另一个维度中。以肋拱和飞扶壁为代表的构造方式体现出理性的特征，结构的原理直接反映在了最终的结果中，并将石材特性最大限度地展现出来。由肋拱和束柱组合而成的力学传导方式使建筑有足够的潜力克服重力进而伸向高处，飞扶壁的发明则将这种纵向延伸的潜力变为现实。然而拱柱结合的构造系统本质上作为一套封闭系统只能在一定的跨度内完成，其水平方向的拓展并不是无限的。

两种构造系统的潜力以及各自的局限性使人们产生了将二

1 Laugier, M.A. Essai sur l'Architecture. Paris: Duchesne, 1755: frontispiece.

者结合的联想，即实现一种同时可以在两个维度上延伸的建造方式。而这样的理想也终于在 19 世纪下半叶随着两次博览会的成功举办得以技术意义上的实现，1851 年的水晶宫与 1889 年的埃菲尔铁塔各自从水平向与竖直向打破了当时的技术瓶颈。在此之间的一百年，各种理论和实践层面的尝试从未间断过，而在早期，这样的实践集中出现在巴黎的一些标志性建筑中。

在成为历代名士的陵寝之前，先贤祠最初是被作为供奉圣徒日纳维夫 (Sainte-Geneviève) 的教堂来提案的，用以取代被损毁几成废墟的原教堂。项目从设计到实施历经二十余年，苏夫洛的提案在这个过程中几经易稿，但始终可以看出他试图将形式与技术结合的强烈愿望。这种愿望直白地表达在了 1764 年修改的剖面图中：由独立的科林斯柱式支撑的竖向结构与梁和拱共同构成了教堂的承重体系（图 1-13）。大面积的开窗与透明的内部空间呈现出哥特教堂的典型特征；形式上却采用了希腊式的外观表达——从柱式到山花都是希腊式的——建筑师甚至用雅典神殿的形制包裹住了原本暴露在外的飞扶壁。

尽管在一些细节的设计中仍能看到这种结合的未能尽善尽美之处，如隐藏在山花背后的铸铁锚固构件暴露了立面与结构的脱节（图 1-14），但总体来看，探索形式与技术的结合依然是设计中的基本逻辑。

与此同时，现代建筑中的一些常见话题在这里也已经开始被讨论了。苏夫洛的一位合作者在一封书信中总结日纳维夫教

1　原稿存于法国国家档案馆

2　原稿存于蒙特利尔加拿大建筑中心

图 1-13　日纳维夫教堂修改稿，苏夫洛，1764[1]

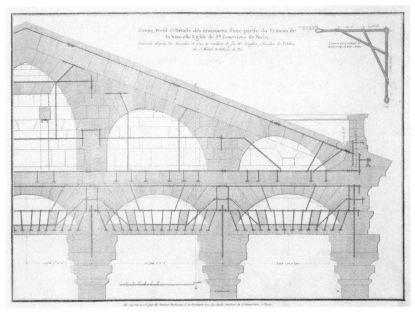

图 1-14　日纳维夫教堂隐藏在立面山花背后的铸铁锚固构件[2]

堂的设计意图时曾极力赞扬过这种尝试的价值，称他成功地把希腊建筑的纯粹性和富丽堂皇，与哥特结构的轻盈灵活和勇猛无畏统一在一个最美丽的形式中。据此可以看出，这座教堂在当时足以作为希腊与哥特理想相结合的典范，它也被视为折中主义的开山之作。事实上，从设计的初衷来看，贯穿整个 18 世纪到 19 世纪的折中主义不应该被视为形式上的复古或倒退，相反地，这是一次有预谋的集体创新。这种创新触及了建筑作为一门科学的一些本质属性，以至于我们今天的建筑学中仍然轻泛着那场思潮的涟漪。

　　当建筑师们意识到了形式与构造的矛盾关系时，将二者自觉统一起来的尝试便开始了。亨利·拉布鲁斯特 (Henri Labrouste) 在构思日纳维夫图书馆 (Sainte-Geneviève Library) 时有意识地将立面元素简洁化，只留下与结构有关的部分。例如屋顶两个铸铁的连续拱券与墙壁固定的铆钉被刻意地留在外墙上，四周甚至还附以浅刻的纹理予以突出。在这里结构表现压倒了装饰主题，看起来也在回应洛吉耶书中援引的被称作 "原始棚屋" 的插图。

　　在欧洲的建筑历史中，这种强调构造逻辑的思考方式并非首创，早在菲利贝尔·德·洛姆 (Philibert de l'Orme) 于 16 世纪的著作中就已经可见一斑，他把哥特式建筑的柱子和肋拱看作独立的结构骨架，这一观点体现在 1567 年出版的《建筑学》第一卷 (Le Premier Tome de l'Architecture) 的图解中 (图 1-15)。

　　日纳维夫图书馆的铸铁构件与石材基础和谐地铆固在一起，使装饰元素直接展现在建造的过程中。同样的情形也出现在巴黎国家图书馆阅览室 (Richelieu Site) 的设计中，高挑的铸铁拱券形成 9 个底面为正方形的穹顶，被嵌入既有的建筑结构中，通过穹顶正中的开洞获得自然采光，使内部空间表现出轻盈开敞的反实体特征。结构在这里作为核心创作语言与整体概念浑然一体，超越了传统意义上的支撑作用，这是隐藏在日纳维夫教堂入口山花背后的铸铁构件所未能企及的境界。

维奥莱 - 勒 - 迪克 (Viollet-Le-Duc) 作为同时代的先觉者同样拒绝山花背后的构件，主张富有意义的结构原则，只是最终走上了略有不同的道路。作为结构理性主义的倡导者，维奥莱 - 勒 - 迪克认为所有结构都应该具有功能上的意义，希望将不同的材料、技术和资源进行组合，这种组合不是粗暴的拼贴，而是兼顾了功能与经济的理性选择，功能性和经济性是他考虑问题的出发点。可容纳 3000 观众的剧院大厅是他的虚构命题，他把对于构造的理想几乎全部倾注在了这个假想项目中（图 1-16）。大厅被设定在一座八角形的罗马式砌体结构里，与巴黎国家图书馆的阅览室一样，都是基于既有外壳的内部改造，但这里显然更加强调对于结构受力原理以及杆件荷载传递方向的揭示；大厅空间尺度的预设以及拱顶的连接方法则传达了建筑师对于使用最少的连接杆件以获得最大化空间的实用性愿望，与拉布鲁斯特共同代表了以巴黎为中心的 19 世纪欧洲建筑界在建构领域的新趋向。

辛克尔作为德意志建筑界的代表人物在很多方面都可称得上现代主义的启蒙者，特别是当聚焦于结构与形式的关系时，

图 1-15　德洛姆对柱子和肋拱的图解[1]

1　de l'Orme P. Le Premier Tome de l'Architecture. Paris: Fédéric Morel, 1567: 111.

图 1-16　维奥莱 - 勒 - 迪克构想的 3000 人剧院大厅 [1]

1　Viollet-le-Duc E E. Entretiens sur l'Architecture, Tome 2. Paris: A Morel & Libraires-Editeurs, 1863: 94-95, fig.18.

可以看到他对于建造过程的重视程度。在 1824 ～ 1825 年间，也就是柏林旧博物馆 (Altes Museum) 方案创作的后期阶段，辛克尔创作了一幅题为《希腊盛期的图景》(Blick in Griechenlands Blüte) 的架上绘画，画中描绘了一座希腊神庙的修建场景，近处的神庙与远处的山峦共同营造出一个人工与自然交相辉映的世界。其中颇具隐喻色彩的是，在画作的正中放置了一个用于搭建的脚手架，这个象征过程性和临时性的工具在这里却作为视觉中心统领着画面中的其他所有元素，尽管那些元素代表了某种更加永恒的寓意。在这幅画之后，辛克尔设计了他在建构领域的集大成之作——柏林建筑学院 (Bauakademie)，而他关于结构与形式的理想在这个画作的细节中已经可以看出一些端倪。

弗里德里希韦尔德教堂 (Friedrichswerder Church) 是位于柏林的一座具有哥特复兴特征的小教堂，这座教堂的设计过程可以反映辛克尔对于结构和形式的深刻反思。从建筑的外部来看，这并不算典型的哥特式教堂，因为看不到用来抵消横向侧推力的飞扶壁，只有两座高耸的钟塔和一些细长的尖拱窗让人们产生有关哥特教堂的联想。虽然当我们走进教堂的内部时发现那里确实有着熟悉的肋拱和束柱以及挑高的空间，但这些其实只是一些类似舞台布景的假象，与外部并没有结构上的关联（图1-17）。在设计之初，建筑师甚至构思过一版罗马风格的内部景象，有着圆形的拱券和爱奥尼克风格的柱廊。结构和形式在这里被人为地割裂，可以看作辛克尔对于这一课题的一次反向思考。

这样的思考最终正面地体现在柏林建筑学院的方案中，而这个方案实际上是受到了当时的英国工厂的启发，从他旅行的日记和手稿中可以看到这样的痕迹（图1-18）。然而略有些讽刺的是他此番旅行的本意是寻找一些展览类建筑的灵感，用以支持柏林博物馆的设计，却意外发现了这些冒着浓烟的"方尖碑"所构成的宏伟奇景，这些奇景深深震撼了他的内心，以至于在记述中一改往日理性冷峻的笔锋，呈现出诗人般的热忱和赞叹。

建筑学院的平面是希腊神庙式的，环绕的柱网围合出的中庭却有着哥特式的升腾感，建造体系为砖结构，依靠柱、梁和拱的混合支撑。剖面图中可以看到由于荷载变化产生的下大上小的渐变关系，而这些结构都如实地反映在建筑的外部，并成为构成立面的形式元素，结构与形式在这样的语境下完成了统一（图1-19）。这些特点都在后来或显或隐地体现在密斯·凡·德·罗 (Mies Van Der Rohe) 的作品中。

近代的建筑师们用了一个世纪试验结构和形式的可能性，但由于材料技术尚未成熟，基本上都是局限于个体案例的尝试。直到1897年，承包商弗朗索瓦·埃纳比克 (François Hennebique) 完成了用箍筋解决钢混梁的抗剪力问题的专利申请，标志着一套有据可循的建造体系最终形成，这一技术也被称作"埃纳比克承包法" (Hennebique Contractor)。钢筋混凝土也随即在建筑领域被广泛应用，而建筑师们也逐渐意识到这种高性价比的新型材料正在成为建造所需的基础材料。

图 1-17   弗里德里希韦尔德教堂的哥特式剖面[1]

图 1-18   辛克尔手稿中的英国工厂[1]

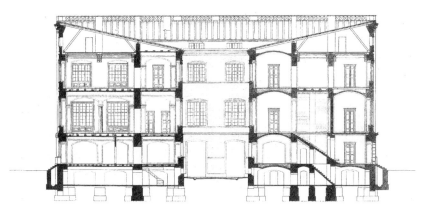

图 1-19 柏林建筑学院剖面设计 [1]

奥古斯特·佩雷 (Auguste Perret) 便是最早洞悉这一趋势的建筑师之一。在与家人合作设计富兰克林街 25 号公寓 (25bis, rue Franklin) 时，他成功说服身为承包商的父亲采用埃纳比克的结构体系进行建造。公寓的立面也分明地体现了梁与柱的交接关系，我们甚至从中看出了发生在后来的现代主义运动中的一些基本原则，例如柱网支撑、自由平面以及自由立面等。只是由于佩雷对于哥特建筑的留恋使他仍未放弃竖向开窗和装饰图案。从这个意义上讲，佩雷可以被看作现代建筑的早期实践者，也可以被看作古典建筑的最后留守者，而其间勒·柯布西耶的短期供职也让这种划时代的意义越加凸显出来。

在他的作品中依然可以看到一个世纪以来关于希腊——哥特理想的传承，而这种建构的理想集中体现在了修建于 1922 ~ 1924 年的兰西大教堂 (Notre-Dame du Raincy) 的设计中。这是第一座完全由钢筋混凝土建成的教堂。28 根向上收窄的柱

1 原稿存于柏林国家博物馆，中央档案馆 (Staatliche Museen zu Berlin, Zentralarchiv)

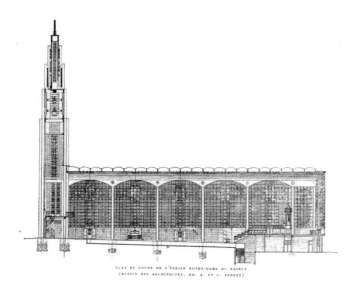

图1-20　兰西大教堂剖面，可以看到被压低的连续拱券和倒"U"形外壳[1]

子支撑起净高11m的屋顶，类型学上延续了中世纪晚期流行于巴伐利亚等地的厅堂式教堂 (Hallenkirche) 的空间特征。以往镶嵌在墙身里的半壁柱在这里被完全解放了出来，与其他立柱一并组成一套独立的结构体系。顶棚由5mm的薄壳拱券连续组成，这些被压低的拱券一直延伸到两侧的外墙，成为立面的构成元素，屋顶被覆以倒"U"形的混凝土外壳用来保护下方的薄壳（图1-20）。整套系统具有完整的逻辑和理性的目的，一定程度上可以看作日纳维夫教堂的现代材料再现。此时的包豪斯即将由魏玛迁至德绍，而勒·柯布西耶刚刚完成了他的新精神宫 (Pavillon de l'Esprit Nouveau)，一场波澜壮阔的建筑革命正在徐徐拉开帷幕——事实上，革命一直在进行着。

1　原稿存于塞纳 -
圣 - 德尼省部门
档案室。(Archives
Départementales de la
Seine-Saint-Denis)

当代的回声

　　18 至 19 世纪的欧洲建筑通常被习惯性地冠以新古典主义抑或折中主义的头衔，这其中不乏贬义色彩。主要是由于其建筑语言看上去是复古和拼凑的，看不到文化上明确的指向性。如果按照以往从风格上描述建筑史的传统，这样的评定的确是有道理的，但这样的评定更多是基于一个默认的前提，即仅仅把建筑史视为艺术史的一部分来看待。这样的认识或许尚可解释一些美学趣味相去明显，便于被标签化的历史时期，但面对现代主义这样几乎断裂式的变革就显得苍白和乏力了。事实上，历史不存在断裂，所有变化都是缓缓发生的，得出的结论只取决于所采用的观察方法。而后另有一些学者——无论艾米尔·考夫曼、西格弗莱德·吉迪恩 (Sigfried Giedion) 还是尼古拉斯·佩夫斯纳爵士 (Sir Nikolaus Pevsner)，他们将现代主义的起源或归因于形式的表达或归因于技术的革新，但这些又往往只能解释其中的一部分原因，从而人为地忽略掉大部分同时期或稍早前的建筑作品。假使我们把建筑作为独立的学科而不是艺术或其他学科的附庸来看待，将自维特鲁威时代以来形成的坚固、耐用、美观作为建筑的基本评价标准，将由此对应衍生的结构、功能、形式这三种本体属性其各自的流变以及相互间的关系作为考察的重点，那么那些被以往学者们摒弃的数量庞大的建筑就成了最为关键的历史遗存，不重新评估它们的价值也就无法透彻地揭示现代主义建筑的真正起源。

在文艺复兴之后的漫长岁月里，形式占据了绝对的话语权，被视为建筑几乎唯一的本质，整个法兰西学院派将形式创作当作教学的核心，由此从 17 世纪中叶至 18 世纪间形成的所谓布扎体系 (Beaux-Arts) 都是围绕形式课题展开的，在这个体系中，建筑师的工作并没有比画家贡献得更多。近代科学的发现导致了启蒙哲学的产生，技术的革新逼迫人们更加理性地重新审视形式这个古老的命题。形式与功能以及形式与结构的边界不断人为地变得模糊，这种模糊化作为一种现象最终大量地体现在 20 世纪 20 年代之后的建筑中，进而形成继学院派建筑之后的一种新的主流抑或新的传统，从阿道夫·路斯 (Adolf Loos) 关于装饰与罪恶的论断到路易斯·沙利文 (Louis Sullivan) "形式追随功能" 的宣言，以及随后无论勒·柯布西耶或是密斯的作品，尤其是后来高技派的一系列尝试，都可以看到形式与其他要素不同程度融合的特征。尽管在其后的历史中经历了数度危机与挑战，但不可否认，我们至今依然没能摆脱这种传统所建立的逻辑基础与基本的操作手段。

18 至 19 世纪的欧洲是一部浩繁的卷帙，寥寥数语难以详尽。当我们带着今天的价值观重新审视那段历史，便不可避免地为其施加了更多的当代意义，这一时期的建筑也就被人为赋予了浓重的过渡时期的属性。然而任何时代都是相对独立存在的，抑或说任何时代都是前一个以及后一个时代的过渡时期。

这样的回溯行为只是为了厘清当代建筑中一些特征的缘由，特别是那些涉及建筑本体的方面。对建筑理性化历程的探索是理解那段历史的密钥之一，也是从本体揭示当代建筑内核的途径之一。不期望全面地铺开，只希求对当下的启示。

参考文献

[1] (意) 阿尔伯蒂. 建筑论 [M]. 王贵祥，译. 北京: 中国建筑工业出版社，2010.

[2] (美) 弗兰姆普敦. 建构文化研究: 论 19 世纪和 20 世纪建筑中的建造诗学 [M]. 王骏阳，译. 北京: 中国建筑工业出版社，2007.

[3] (德) 克鲁夫特. 建筑理论史: 从维特鲁威到现在 [M]. 王贵祥，译. 北京: 中国建筑工业出版社，2005.

[4] (德) 维特科尔. 人文主义时代的建筑原理 [M]. 刘东洋，译. 北京: 中国建筑工业出版社，2016.

[5] (美) 马尔格雷夫. 现代建筑理论的历史，1673—1968[M]. 陈平，译. 北京: 北京大学出版社，2017.

[6] Russell B. Vagueness [J]. Australasian Journal of Psychology and Philosophy, Vol 1, 1923.

[7] Bergdol B. European Architecture 1750-1890[M]. Oxford: Oxford University Press, 2000.

[8] Gómez A P. Architecture and the Crisis of Modern Science [M]. Cambridge, Mass.: the MIT Press, 1983.

[9] Kaufmann E. Three Revolutionary Architects: Boullée, Ledoux and Lequeu [M]. Philadelphia: the American Philosophical Society, 1952.

[10] Perrault C. Les Dix Livres d'Architecture de Vitruve, Corrigez et Traduits Nouvellement en François avec des Notes et des Figures [M]. Paris: Jean Baptiste Coignard, 1684.

[11] Perrault C. Ordonnance des Cinq Espèces de Colonnes Selon la Méthode des Anciens [M]. Paris: Louis Coignard, 1683.

[12] Blondel J F. Cours d'Architecture [M]. Vol 1. Paris: Desaint, 1771.

[13] Boullée É L. Architecture, Essai sur l'Art [M]. Paris: Babelio, 1953.

[14] Gilly F. Essay on Architecture 1796-1799 [M]. Translated by Britt D. Santa Monica: Getty Center

for the History of Art and the Humanities, 1957.

[15] Durand J N L. Precis of the Lectures on Architecture [M]. Translated by Britt D. Los Angeles: Getty Research Institute, 2000.

[16] Laugier M A. Essai sur l'Architecture [M]. Paris: Duchesne, 1755.

[17] Schinkel K F, Bindman D, Riemann G. "The English Journey": Journal of a Visit to France and Britain in 1826[M]. Translated by Walls G F. London: Paul Mellon Centre for Studies in British Art, 1993.

建筑的社会学投射

 资本世界中，建筑师一半是受害者，一半是帮凶

随着启蒙运动所带来的社会制度的巨大变革，建筑师带着全新的角色登上历史舞台。他们既是一心为平民创造新世界的执行者，又是高高在上的空间管理者，独断地构建一幢权力的大厦。资本主义复杂的发展演变，并没有使得自由选择随着社会的逐步开放而到来，而是通过空间的再生产被资本所消灭。建筑愈发受制于权力与资本、政治与经济；建筑作为媒介，被牢牢地封闭在一整套抽象化的控制体系中。尽管悲观，但如今仍然存在可能，建筑师通过某种对空间形式的改造与突破，最大化地挣脱束缚的枷锁，使建筑与其真正的受众产生密不可分的关系。

为穷人设计？还是为富人设计？

建筑空间在资本社会中的投射

林婉嫄

北京的许多老旧小区、废弃胡同进行设计改造之初，其新颖时尚又富有设计感的样貌，不断博得人们的关注。尤其是像地瓜社区那样的优秀项目，将朝阳亚运村地区的一个小区地下的废弃防空洞，改造为社区共享的公益空间，在北京这个不断拆迁又不断新建的城市是如此的难能可贵。那些建筑师的初衷原本是通过空间设计的改造升级，为城市及社区的居民提供更舒适、更便利的共享交流生活。然而，几年过去，那些因设计而吸引人们的空间，如今多半面临着与设计之美不相匹配的市场运营环境，其设计价值也逐渐地消失在公众的视野之中。这个问题曾让笔者不断反思自己从业多年来的经历，那些失去的博爱之情、热诚之心，理想主义的社会责任感，又究竟随着时间的流逝和市场的现实去了哪里。

沃尔特·格罗皮乌斯 (Walter Gropius) 在创立包豪斯时曾梦想设计将从根本上改造人们的生活，进而提升人由内而外的社会意识与自我认知。而近百年后的今天，设计为建筑空间所带来的更新改造，其精神价值却因资本的参与而变得越来越脆弱不堪。空间价值的提升非但没有为更广大的群众带来积极的变化，反而驱赶了那些真正需要改善生活的人们。我们不得不一次次发问，现代都市社会中，建筑设计所带来的便利与美学享受，是如何在无意之中服务于资本的扩张，又如何剥夺了个体选择的自由？

空间：生产的产品与生产的机器

　　建筑始终是一种资本与权力的象征物，从古至今，无一例外。相比于其他艺术形式，作为一种占有与消耗极大社会资源的空间实体，它的尺度与形式之丰满、建造与留存的时间跨度之大，必然成为众多权力与资本的拥有者趋之若鹜的对象。每一种社会都生产一个专属于它自己的空间，因而在更为传统的社会中，那些庞大的、屹立不倒的建筑所代表的秩序与比例之美、装饰与形式之美，很大程度上是作为当时社会主流的一种古典的、等级式的社会关系的体现。

　　但是，到了现代商业社会，建筑的这种属性有了一种更复杂的、更抽象的、更隐晦的逻辑。尽管从表面上，我们不再能看到某一种单一建筑形式与风格垄断性的统治，但这并非意味着商业社会的空间形态是破碎的、散乱的、无序的。在冷酷与癫狂共存、诗意与乖张共生的表皮之下，资本所形成的社会关系，创造了属于现代社会独特的空间形态。

　　在这样一种现代社会中，对于空间这样一个既具象又抽象的概念，人们或许首先会发问的是，空间与价值生产的关系是什么？17世纪，启蒙运动时期的约翰·洛克在他著名的《政府论》中就曾断言，土地乃是一种处于共有状态的、同质的空间物质，而使土地产生不同价值的正是劳动本身。星球上任何一片土地，在未被人们开发之时，都是同等价值的"荒地"，人们开垦荒地，将劳动施之于土地之上，这便是土地的价值差异来源。

　　然而，洛克所主张的这种人地关系的抽象化原则，过于简化了 "空间性" 的概念，也过于简化了作用在空间价值上的劳动的 "时间性"。在貌似价值均质分布的空间内部，以生产中心为核心向外无限扩张，其空间的使用价值与交换价值，也根据其与生产中心的位置关系的不同而变化。我们可以说，商品的不断扩大生产与资本的累积叠加，决定了现代社会在空间与时间维度上的本质特征，即中心化空间与线性时间的叠加（图2-1）。

　　事实上，线性时间与中心化空间的长短与大小，也随着资本的积累与资本流通的发展而变化。资本在流通中产生（马克思还曾经特地在他的《资本论》中强调过，资本真正的价值并不直接产生于流通本身，但价值的增加却必须处于流通过程中才可以产生），又在流通中经历损耗，因而它所决定的社会空间也必然时刻处于不断扩张与流动的状态之中。交通技术的发展，在一方面缩短了商品生产与分配过程中的流通时间（即**线性时间的减少**），不断减小商品在流通过程中产生的价值消耗，而同时另一方面则为开拓更加广阔的市场提供了可能（即**中心化空间的扩大**）。资本的这一空间特征，决定了我们的都市始终自发地处在一种 "渴望摊开更大的饼" 的欲望之中，决定了生产中心与销售中心——也就是资本与人口的加速集中。

　　不仅如此，空间自身的价值也与它处在这中心化空间的位置相关。我们不可能仅仅将其抽象化为一种均质的生产工具，因其自身也依然处在资本再生产的一套循环体系之中，它自身

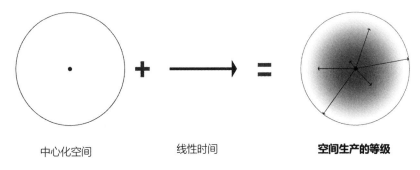

中心化空间　　　　　　　线性时间　　　　　　**空间生产的等级**

图 2-1　现代社会在空间与时间维度上的本质特征

的价值也在不断地"再生产"。空间既是生产资料，也是生产工具，同时还是商品；附加在其之上的价值，既包含资本在生产与分配过程中空间的使用价值，以及人类在单位空间所产生的劳动价值，也包含流通过程中空间的交换价值。现代社会空间以及它内部包含的全部元素，都一同被投入了资本的漩涡之中不能自已，它在资本的驱动之下不断地变形、延展，成为一种混杂着理性的机械主义，与不确定性的混乱的共同产物。

巨构空间：庞大的工厂与资本的乐园

　　现代社会空间的变化和发展，始终在缩短流通时间所增加的成本和消耗的价值，又始终在空间自身的不断再生产中累积它的价值，当生产与消费的物理距离达到最小，交通手段又辐射至最广时，一个无限可变的封闭系统就会诞生，而这一巨构 (Megaform)[1] 则是资本最高度集中、最高效再生产的空间。这是一台理性至上的机器，它所具备的美学原则也无可避免地诞生于并服务于现代社会空间的生产方式，直接或间接地促进了资

1　在这里采用了肯尼斯·弗兰姆普敦对于"巨型空间"(Megaform) 这一词汇的定义，即强调空间作为一种综合的、巨大的建筑与城市系统的存在（见 Frampton, K. Megaform as Urban Landscape [M]. University of Michigan, A. Alfred Taubman College of Architecture+ Urban Planning, 1999: 11-12), 而非横文彦所下定义中强调的"结构"(Megastructure)（见 Banham, R. Megastructure: Urban Futures of the Recent Past [M]. London: Thames and Hudson, 1976: 8)。

本的积累。当然，所谓的"现代主义"美学原则是个极其复杂的概念，笔者甚至于认为人们对于"现代主义"的理解也充满了太多风格化的诠释，然而，从经济的角度去思考的话，现代主义建筑的如下几个元素是至关重要的：

廉价化。现代建筑从材料的质感、材料的使用方式和结构的建造方式，始终在最大化地减小生产过程中的成本。阿道夫•路斯所谓"装饰是有罪的"，首要理由便在于装饰是一种经济上的浪费。

模数化。等量的模数，不仅促进了廉价化，它将空间以看似均质化的方式分隔，以单一的标准对空间的价值进行评估。一如曼哈顿的网格街道，这网格并不关乎建筑的形态、都市的样貌，它的作用无非是将空间作为等量的商品进行资本的交换（图2-2）。

多功能化。空间的可变性为同一体量的空间内提供了多种使用和生产方式，这恰恰是中心化空间中最短物理距离的形式，它可以用来创造多重的价值，甚至是相互串联、相互影响价值的增加。BIG所作的阿马格贝克垃圾焚烧厂（Amager Bakke Waste-Energy Factory）的改造项目就是经典的一例。焚烧厂的屋顶是一个巨大的人工滑雪坡道，这是两个截然不同的功能，却在同一个体量的空间共存，并且相互地为对方带来经济的效益。

综合大体量化。合理的功能分配与空间布局，使得综合体建筑成为一台庞大的机械体系，人们的一切生产、消费、废弃的行为都被集中在可控的范围之内。在这里，空间的交换价值

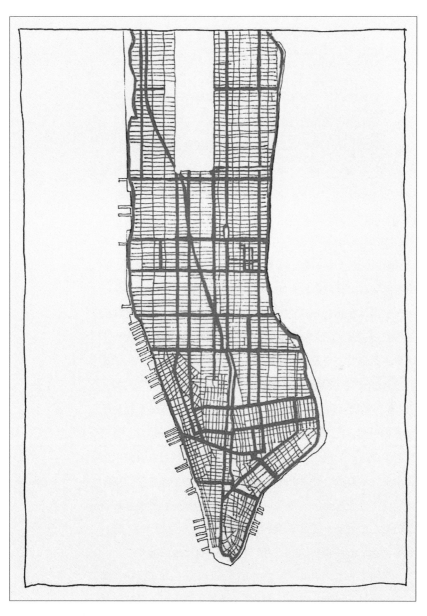

图 2-2　曼哈顿网格街道

达到了更大的提升，资本在小而密集的物理空间内不断重复地积累、增加，它是现代社会最令人垂涎的巨型商品。

随着经济的不断扩张，空间作为一个完善的驱动系统也在向外不断扩张，形成一个封闭的巨构空间。在这里，如果我们假设一种最极端的状况——流通的距离与时间趋近于无穷小，资本在流通中的损耗也趋近于零，则这里是资本空间最高效的再生产循环和资本积累的形态。而这巨型空间里的人，一面是生产者，一面又同时是消费者，全部经济活动都被压缩在一个看似无穷，实则范围极小的区域之内。

建筑师很容易用"快捷""便利"这类的词语去修饰这样的巨型空间。固然，如果仅从效率的角度来说，巨构建筑对于使用者是极为方便的——多功能化、综合化、社区化，一切可供生活的环境与条件都被集中在了触手可及的范围内。如同勒·柯布西耶所畅想的光辉城市 (La Ville Radieuse)，人们在高耸的大厦中生活、生产、消费，而大厦的周边则被绿地环绕，整个城市都漂浮在花园之上，人们不用再跋山涉水就可以享受到阳光、空气与自然之美。然而，正因为在这巨型空间内，空间本身的再生产效率达到了最高，其使用价值中的交换价值也达到了最大，它作为一整个商品的形式来说也具有了最大的价值。只是，这价值从未属于空间的使用者，而是土地的拥有者。

大资本家金·坎普·吉列 (King Camp Gillette)，也就是我们熟知的剃须刀品牌的创始人，曾在 1894 年就畅想过未来都市的巨型空间。1894 年，在他出版的名为《人类漂移》(The Human

Drift) 一书中，他认为人类终将在物质极大丰富的状态下，从混沌的炼狱步入秩序的天堂，而整本书则是他对于这未来乌托邦的空间性构想。他设计的大都市 (Metropolitan) 仅仅利用安大略湖与伊利湖之间的部分土地，便可承载当时北美全部 400 万人口的生活。他在尼亚加拉瀑布周围划出了一个完完整整的矩形，矩形的地块之上是一个完整的三层高的抬高空间，这里分别是公共设施层、公共交通层和附属功能层。抬高的地面上均匀地装载了无数个形态几乎一模一样的圆柱体建筑，建筑的空隙则是绿地、底层空间的天井和步行道路（图 2-3）。

吉列在《人类漂移》中提出了四个问题：

第一，你愿意继续现在的商业模式，把你的生产车间分散在成千上万的城镇中，将你生产的部件分配或再分配到相隔甚远的不同厂商？还是愿意将你的全部部件集中到一个生产商，而所有这些厂商又都集中在一个生产中心？

第二，你愿意在生产过程之后，将人口分散在成千上万的城镇中，又在这些城镇分布成千上万的零售商店？还是愿意将所有人集中在一个生产中心，在那里的一个巨大的商场中去分配你的商品？

第三，你愿意为每一个家庭建设独立的房屋，迫使他们拥有独立的烹饪和用餐区域？还是愿意把他们集中在巨大的公寓楼中，而这类区域可以在科学和智能的管理下，保留最少的劳动力？

图 2-3 吉列所设计的"乌托邦"大都市 [1]

1 Gillette KC. The Human Drift[M]. Boston: New Era Publishing co, 1894: 102.

第四，你愿意遵从现有的原材料系统，让两千万人口分散在遍布农村的、孤立的小型农场和矿场中？还是愿意在巨大的土地上，科学地管理每一个生产产品，使其最好地适应生产需求？[1]

随后，他又提出了四个反问的问题，去强调他所提及的生产与分配效率。于是，吉列的都市如同机械一般，集中了人类全部的生产资料、生产工具以及文化活动，它与世隔绝，独自在自己的世界里永不停息地运转。它的经济、人口、社会生活与生产工作全部由"联合公司"(United Company) 所掌管与运作，而这家公司背后则是一个"X 先生"。尽管在书中，吉列理想化地认为，只要这个"X 先生"是所有公民的集合，那么"联合公司"就可以为城市中的人民带来绝对的公平与自由，但在现实当中，我们所处的任何一个巨型的综合体，都始终有一个实实在在的"X 先生"作为最终的获益者。

巨构空间尽管近乎无穷，却始终有着客观的界限存在，即便如一个无限扩张的都市，即便人类的交通手段可以发达到瞬间的价值传递，即便资本在流通过程中的损耗可以趋近于最小化，现代社会空间与其内部的活动也总要受到外部环境的制约。在这样一个逻辑极端自洽的封闭系统内，全部因素必须被理性地量化，但却仍然阻挡不了非理性因素所带来的破坏性打击。我们无法预测人类自身的再生产——也就是生物性的繁殖行为——对空间所带来的影响，更不用说无法预测人类意识中的

1 Gillette KC. The Human Drift [M]. Boston: New Era Publishing Co., 1894: 86.

非理性。人口的迁移、社会的剧变、经济的发展与衰退，这些无法从建筑学的角度阐述与控制的因素，却可以毁灭掉理想的现代社会空间。如同恩斯特・梅 (Ernst May) 在 20 世纪 30 年代所规划的新法兰克福 (New Frankfurt)，那些个看似和谐完美的、有着自给自足的经济生态的卫星城，仍然抵挡不住经济衰退带来的影响，而这些城镇最终沦为了一片空虚的死城。封闭系统内的人的存在，则被极端地均质化——然而事实上，除非人变成毫无感性的机器，否则他们始终是在敲击和破坏这个禁锢他们的空间制度。

柯布西耶的宣言，《走向新建筑》(*Towards New Architecture*) 中的最后一句话展现了他对建筑的机械主义的崇拜：

> 建筑，还是革命？（Architecture or Revolution？）
> 革命可以被避免。（Revolution can be avoided.）[1]

然而数十年后的彼得・埃森曼认为，现代主义并不解决混乱，而仅仅是将混乱体制化。柯布西耶所谓 "建筑是居住的机器"，建筑语言演变成为分裂的零件以完成空间的不断再生产。尽管从形式上来看，建筑变得更加开放，然而却是在一套闭合的抽象逻辑系统内运作，它将空间的使用者以某种资本纽带的方式联合，将空间所存在的冲突掩盖起来。现代主义将建筑抽象化为一种超越身体的存在，这不仅不能使空间中的元素（建筑的语言、人的身体等）紧密地关联，相反却造成了

1　Le Corbusier. Towards a New Architecture [M]. London: The Architectural Press, 1946: 268-269.

更大的撕裂。资本的本质在于不断扩张，但封闭的体系却永远都拥有特定的界限，高效的巨型空间，恰恰就存在这样的悖论。

终于，随着在 1976 年山崎实 (Minoru Yamazaki) 所设计的普鲁伊特 - 伊戈 (Pruitt-Igoe) 被爆破，查尔斯·詹克斯高呼"现代主义已死"。机械的现代主义者渴望解决的拥挤问题，反而成为了埋葬他们的理想的坟墓。然而，在经济扩张进入滞胀时期的消费社会，建筑不再仅仅只是理想化的机器，反之它变为了符号，变为了媒体。

建筑广告：形而上的回归与幻境的恶托邦

从这里开始我们将跳出马克思所架构的资本社会系统，去探讨建筑空间、建筑符号与空间生产的关系。——又是一些难以一时解释清晰的概念与定义。

那么首先我们要去寻找这些概念背后的一个隐藏问题：看似浑然一体、包罗万象的现代社会空间，其本质却恰恰是分裂与对立，然而空间是如何既是同质的又是分裂的，既是一体的又是碎片的？亨利·列斐伏尔 (Henri Lefebvre) 认为抽象空间的逻辑中隐含着暴力——这种暴力来源于机械的本质，它切割着自然的材料与关系，也通过资本切割着价值、切割着社会空间。现代主义建筑，及其随后所衍生出来的，或是反制于现代主义的各类主义，似乎都没能逃过这种分裂。

空间与身体的割裂。

> 每一个存在的身体即是空间：它在空间中生产自己，同时也生产这个空间[1]。

在空间与身体的这种统一关系中，对立的行为、符号与意义在牵制中维系平衡。然而，现代社会所带来的机械的切割行为，打破了空间与身体的二重性：空间即为空间，它是装载身体的容器；身体即为身体，它是空间变化的承受者。这种对立与割裂的产生，使得空间不可避免地沦为视觉的产物。

形式与内容的割裂。如此一般，空间也成为了它所生产的内容的容器。建筑的形式与内容陷入了符号学的范畴，人们通过空间去寻求某种——对应的含义表达（这种含义也许是形而上的，也许是纯粹目的与功能的）。

埃森曼的纸板住宅系列 (Houses of Cards) 中的早期作品便是在挑战这种被现代主义体制化的建筑语言的符号关系，通过反现象学的手法产生 "建筑的形式只是形式" 的同语反复 (tautology)。同样形态的空间安排了截然不同的功能，带有隐蔽性质的空间却全然暴露于透过玻璃的阳光里，又或是不能使用的楼梯——建筑符号的能指 (signifier) 与所指 (signified) 的

1　Lefebvre H. The Production of Space [M]. Oxford and Cambridge, Mass.: Basil Blackwell, 1991: 171.

所谓必然的线性逻辑被打破，只留下了混乱的、无序的形式语言本身。然而，现代社会空间的分裂本质已经产出这种同语反复，建筑符号的能指仅仅只是建筑师依据历史与传统所设定的语言逻辑。当这逻辑的合理性被质疑与突破时，建筑的形式又一次陷入了影像化的漩涡，而空间的内容则被剥去了全部存在的意义。事实上，现代主义将空间抽象化的举动，并非是在回应他们所宣称的"理性至上"，而恰恰反映了这种机械的、分裂的和矛盾的建筑符号学（如果我们可以称其为符号学的话）。因此，埃森曼也在分析自己的作品中承认，他并非是在批判与反对现代主义，而是回溯到现代主义真正的本源。

内部与外部的割裂。二重性的消失，空间一面作为影像的实体向外展示着符号，一面作为空洞的内部而存在。如蓬皮杜中心那现代的、工业化的外表，与它内部的价值形成了一种极大的对立——它是现代建筑美学所必然的产物（图 2-4）。它的内部和外部是矛盾的：建筑的表皮是高技派展现现代技术的美学探索，而它的内核只是常规的当代美术馆空间。如果我们剥去它的外皮，留下的内部空间与之并不相干，反之亦然。庞大的建筑机器，如同电影《2001 太空漫游》(*2001: A Space Odyssey*) 中的黑色石碑一般，它吞噬着全部能量，将其内部解体化、均质化。让·波德里亚 (Jean Baudrillard) 则说过，它是赞颂"断离、超现实和文化聚爆"的纪念碑。

过程与结果的割裂。现代社会中，每一具身体、每一件物

图 2-4　蓬皮杜中心的表皮

品、每一个符号或是每一种元素事实上都是生产链条中的零件。在此，空间必然作为一个封闭的整体而存在，如同流水线一般，装载着这些分裂与对立的个体，同时也装载着这些个体之间无限变化的关系。生产的过程变得无关紧要，生产链条所产生的价值增长成为了唯一追逐的结果。现代建筑的唯美主义便如此掩盖着空间的筑造过程，被异化的视觉受众只能够感知空间所展示的最终形式，却无法参与空间的生产。

然而，建筑总是要指向某种价值的，而且这种表达的价值总是外在于建筑的形态与质感本身的。如果我们追溯到建筑——尤其是公共建筑——的起源，正因为建筑可以稳固地留存下来，经受住时间与历史的磨练与考验，它始终作为文化传承的一致性的载体而存在，一方面作为仪式的崇拜价值出现（如教堂、坟墓），另一方面则作为符号的展演价值出现（建筑的装饰物）。人类文明初期的建筑，其空间的秩序与内部关系，往往是宗教仪式的一种固化形式；抑或是在中国传统建筑与城市中，空间往往展现的又是一种固定的、不得随意更改与突破的社会等级关系。建筑其本质的纪念性使之无可避免地成为历史、社会、文化与集体记忆的主体与载体。即便现代主义企图剥离那些所谓外在于建筑的价值，回归到建筑的形态与质感本身，然而，"理性主义""功能主义"又何尝不是一种建筑所指向的形而上价值呢？事实上，没有任何一种事物的形式可以只被它的实用目的所决定。而建筑，不仅作为实体也是作为信息而存在时，它势必是装饰性的。

如果说，在现代社会萌芽发展前的社会里，"建筑学"的定义在很长一段时期内是与建筑的装饰物所对应的，那么现在，这种建筑与生俱来的"装饰性"被极端地异化，建筑的形而上存在与形而下存在被割裂开来，它们之间形成了一种现象学上的线性推导关系。也就是说，建筑不再是文化的主体与载体的结合，而只是作为单一方面的载体出现。于是，建筑的信息传递也必然陷入了影像化的漩涡，它变为了一种人为的、附属于空间形态的、抽象的符号。

这种建筑信息的影像化所出现的最极端的情况，便是"福禄寿"天子大酒店和"大闸蟹"生态馆这样直白、表象，又视觉冲击力极强的建筑。它们制造话题、引起关注；它们同蓬皮杜中心一样，内部空间失去了与外部表皮的关联，被掏空、被虚无化，甚至没有像蓬皮杜中心那样使用的是相对隐晦的现代文明的符号，它们事实上代表着建筑最高效的信息传递。

如果从传统建筑学的角度来看，象形建筑是一个无法被美学理论所阐释的存在，抑或说，它们是对现代建筑美学的一种冲击，甚至反叛。尽管学院派的主流的观念中，这些建筑被称为是"丑陋""低俗"的，但如果我们跳出建筑美学的范畴，作为一个纯粹的信息接收者的角度去看待它们，它们其实是建筑作为大众传媒媒介的一种自发生成的状态，甚至可以说，是建筑必须也一定会变成的样子。当然，随着技术的发展，实体的象形建筑也许会变为巨大的全息摄影，飘浮在都市的空中，一片绚丽的、无夜之城的幻象。

　　事实上，现代主义建筑从其本质上来说也是"装饰性"的，但与上述所举例的纯粹表象符号所不同的是，它将这样的形而上价值的"装饰性"以复杂的编码形式掩盖起来，建筑符号的能指（形式）与所指（功能）被划分到语言学的范畴之内。然而，建筑并非语言，它无法指向自身，它始终指向外在于它的涵义，因此这种语言只是机械性地、教条化地存在于建筑师自洽的逻辑系统之内，却无法成为真正的表达意义的主体。

　　在建筑师的脑海中，我们可以构建这样一个坐标（图 2-5）：

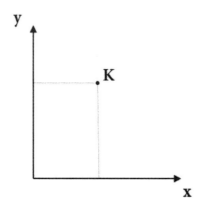

图 2-5　根据翁贝托·艾柯的文章《功能与符号：建筑的符号学》
（*Function and Sign: the Semiotics of Architecture*）所作图解

在这里，翁贝托·艾柯 (Umberto Eco) 为这个坐标的各个数值下了如下的定义：

（1）k 的值代表一种社会需求；

（2）x 轴代表满足这种社会需求所需要的功能系统；

（3）y 轴是满足 x 的功能需求的形式系统。

举个例子：假设 k 代表人们如厕的需求，那么 x 代表的就是卫生间的功能，y 值则是满足卫生间功能需求的空间形式。那么很显然，在建筑美学的逻辑框架内，k, x, y 始终存在着一种可推导的关系：功能决定形式，形式反映功能；需求决定功能，功能解决需求。也就是说：x 与 y 互为充分必要条件；k 与 x 互为充分必要条件。则上述坐标得以合理地在建筑师脑海中呈现，社会需求的价值得以投射在空间的形态之上，即 k=(x, y)。也就是，卫生间必须拥有一个固定的、呈现其功能的空间形式，以满足使用者如厕的需求。

然而，每当我们走进一间新建的毛坯房，准备为自己的家重新装修布置的时候，我们所看到的卫生间的样子，与其他的卧室、厨房的形态并无二致。固然，我们或许会留意到墙面的上下水接口、地面的排水地漏，但这些设施的布置也并不代表着，这个屋子就是卫生间。如果精装结束，我们拎包入住，我们倒是一眼能够看出来，哪一间是卧室，哪一间是卫生间——那是因为我们看到了已经布置在那里的、可供使用的坐便器，抑或是盥洗的水池，是这些产品给了我们如此的推理线索，而非空间本身。

所以说，当我们跳出这个严密逻辑的坐标轴，忘记我们作为当代建筑师的思维惯性，重新质疑这三个值——k, x 与 y——的关系，我们不禁要发问：功能是否决定形式？形式是否反映功能？功能与需求又是否是一一对应的关系？这一逻辑链条中所存在的巨大的断裂，从根本上阻断了空间形式作为语言、作为信息的传递。让我们将上述图示扩大意义的范围，假若 k 代表了某种场所精神，或是某种心理学、现象学的暗示与隐喻，这些外在于建筑空间本体的形而上意义，是无法通过空间的形式所表达的。

翁贝托·艾柯对于建筑语言学的质疑恰恰证明了现代建筑空间中"形式"与"内容"的割裂，这与我们前文所提的埃森曼的纸板住宅系列有着异曲同工之妙。然而，我们在此并非去探讨这背后的某种形而上哲学的前因后果，而是将这种割裂重新指向空间的生产方式这一命题。我们已指明巨型空间所存在的悖论：巨型空间在资本扩张阶段最大化减少了资本流通时的损耗，极大提高了生产和流通的效率，而在经济进入滞胀、人类的繁殖到达一定界限的时候，这一庞大的空间机器就会轰然倒塌。但是，资本社会的分裂的本质在这段时期发挥了决定性的作用：生产时间与非生产时间的分裂，消费时间作为"一种虚假的循环时间"进入生产体制的基础；文化的内涵与形式的分裂，影像化的景观符号不再代表形而上价值的体现，而是作为中介成为社会中人与人之间的关系。"这一切都对应着在同一扩大了的系统中进行着有控制地重新整合的一个新的生产力领域"[1]，波德里亚认为，消费社会中的物质的丰盛实则是一种匮乏，在符号编码的交换系统，人们在影像化的幻觉之中，失去了全部的选择自由。空间的形而上与形而下的割裂，不仅消除了建筑语言的空间含义，就连埃森曼这极富哲思的解构主义的空间实验，最终在商业市场中，也不免成为了他个人的风格化标签。

此时的建筑与空间，已不再只是单纯的居住机器——它是影像、它是视觉的充塞物、它是大众传媒的信息，而事实上这一点，在 20 世纪二三十年代，柯布西耶早在创办《新精神》(L'Esprit Nouveau) 时便已意识到。柯布西耶对建筑的影像化有着一种偏执的痴迷，他甚至在《新精神》发布施沃泊别墅 (Villa Schwob) 的照片时，特意篡改它们，抹去了建筑所处周围环境的形态，使建筑纯粹作为一个审美物体存在——它不再是一个提供居住的空间环境，而是只存在于杂志画面中的平面影像。

空间的信息传达，在消费社会中，不仅是与其他符号一同被剥夺了涵义的编码元素，也作为氛围营造的手段而存在。摄影的吊诡在于，它把空间及空间中的物体全部扁平化为一个可以无限复制的图像，无限重复地传播这图像背后所隐喻的生活方式，最终指向的便是无限提供生产动力的消费欲望。建筑在这里就是作为商品的背景存在，它是一个布满货品的风格化的杂货铺，排列着琳琅满目的符号。

然而，柯布西耶所做的远不只是肤浅的空间的二维形象化，他所真正做到的，是把建筑本身当作一个相机，而空间中的人

1　[法] 让·波德里亚. 消费社会 [M]. 刘成富，全志钢，译. 南京：南京大学出版社，2014: 41-46.

则变为了相机镜头背后的观察者。在他的建筑中，材料的质感被剥夺了本身的涵义，成为了框景的机器存在；他所迷恋的长条窗，像不停录影的摄像机，为人们展示着建筑外部的景观。当人们身处萨伏伊别墅 (Villa Savoye) 时，我们走过坡道所看到的连成一片的移动景致，恰恰是这建筑本身向我们所传达的外在于它的信息，在这个我们一时无法直观感受的信息面前，身体和空间全部被抽象为一个概念，一个失去本身意义而只能作为接受信息的容器的存在。正是在萨伏伊别墅里，正是在我们透过窗户看出去的时候，我们完成了身体与空间的二元分裂，不仅建筑成为了扁平的影像，包括建筑所处的外部环境，都成为了传媒的图景。

笔者至此仍然在强调，建筑始终是要表达某种外在于它的价值的。这是一个不容改变的事实，哪怕建筑的形式已被异化和剥夺了自身的象征意义，它也必然指向某种空间的信息，尤其是在这大众传媒时代。只是现代都市的信息传播有着更快的速度、更高的频率，图像和文字会像病毒一样蔓延开，任何价值定位都拥有着一套集合各种表达形式的符号。在这样一个社会中，建筑美学的评判无疑受到了大众媒体深刻的影响：建筑是广告，同时建筑也需要广告；空间为物体提供氛围营造以提升价值，同时价值的评判标准也同样适用于空间本身。

"建筑的形式只是形式"，建筑的形而上与形而下存在被社会的分裂所异化，然而作为信息传播媒介而存在的建筑语言，如今需要的正是形而上价值的回归。只是这种回归，如艾柯所批判的那样，形式与内容并没有有效联结的纽带，如果仅从建筑美学的逻辑去推导这种关系，是无法被体系之外的受众所理解的。那么这些价值又该如何表达？又该如何作为文化的再循环重新创造资本？

最典型的举例便是"孤独的图书馆"（图 2-6）。笔者在此无意从主流的建筑美学标准对其进行评判，我们且不说在学术体系中它是否是一个美的建筑，但无疑在媚俗的大众眼中，它是一个美的建筑。

> 最孤独的图书馆位于秦皇岛北戴河新区国际滑沙中心北边的海边，其也叫三联书店海边公益图书馆，最初开放时间是在 2015 年 5 月 1 日，早期的理念是对所有人都是免费开放的。内面的布局，进去就可以看到很多的图书，有 2 层的书架。海看起来是凝重的铅灰色，云隙中偶尔透下的阳光，转瞬即逝。图书馆在一片空旷中，孤寂地屹立，内部的采光听说不错。
>
> ……
>
> 它孤零零地矗立在海边，与大海为伴，这是一座公益图书馆。[1]

"孤独的""孤寂地""孤零零地"，这些反复出现在媒体报道中的词汇，掩饰了人们对建筑本身的关注，它的美的含义和空间无关，只与这些词语所象征的氛围有关。随着它在网络媒体

1　见"孤独的图书馆"相关媒体报道。一点排行网.中国最孤独的图书馆.孤独也可以是一种行为 [EB/OL]. (2017-11-19) [2018-10-10]. https://www.zswxy.cn/articles/14372.html.

图 2-6　"孤独的图书馆" ——三联书店海边公益图书馆（摄影：孙启越）

上受到的爆炸式的议论，这个作为商品的建筑，带来了更多外在于它的价值与资本。语言的诱惑便是如此，更不要说所谓明星建筑师的光环所在。建筑美学早已失去了它自身的评价体系，对建筑的评价，早已被这种对权威的宗教般的崇拜情感所取代。

让我们重新回到巨构空间的概念。消费社会的巨构空间不再仅仅是为资本积累而运作的生产机器，而是将生产—消费—再生产循环起来的永动机。一如 MVRDV 所设计的鹿特丹大市场 (Rotterdam Market Hall)，一个融合了居住与生产、营销与消费行为的空间，庞大的影像场域无时无刻不在传递着信息（图 2-7）。一片繁荣的市场被包裹在一个拱桥形态的建筑中央，它所处的位置，正是建筑物内部的人们所注视的方向。除去中心的市场，这里还融合了酒店、公寓和办公的功能，是一个完美闭合的"异

图 2-7　鹿特丹大市场（摄影：Fred Romero）

形法伦斯泰尔"。打开居室的窗，看到的便是熙熙攘攘的人群，听到的便是嘈杂的买卖的声音，在这个空间之内，无论处于何处，都被全方位全感知的信息所环绕，人们便无时无刻不沉浸在这样的现代消费社会的氛围之中。不仅如此，大市场项目从策划到最终建成，始终处于大众传媒的推动之下，它不仅自己是一个完备的生产—消费机器，同时通过文字与影像的广告吸引来了更多外部的资本与关注。

同时存在的还有另一种更加享乐主义的巨构。库哈斯在《癫狂的纽约》(Delirious New York) 中将科尼岛 (Coney Island) 上的月亮公园 (Luna Park) 称作是 "一整个隐喻涵义的空间"，它所展示的是与对岸的曼哈顿完全相异的世界：它是戏剧，它是幻觉。如果我们把月亮公园装入一个封闭的玻璃盒子，那么

> 单一的屋顶大大削减了每一个空间展示自己个性的机会；如今它们不再需要发展自己的表皮，它们像一群软体动物融合进了一个巨大的躯壳之中，而在这躯壳中，公众是缺失的。[1]

如果说法伦斯泰尔是一个清教徒般禁欲的生活模式，那么在科尼岛，人们便是用金钱购买对都市生活的逃避、购买不断被刺激的欲望、购买同质化的快乐。这里矗立的是如梦境一般存在的建筑，丰富的色彩与华丽的灯光之中，那些在城市的生产流水线中被压抑着的人们得到了虚幻的释放（图 2-8）。列

1 Koolhaas, R. Delirious New York [M]. USA: The Monacelli Press, 1994: 43.

图 2-8　纽约科尼岛月亮公园夜景，1905（摄影：Detroit Publishing Co.）

斐伏尔认为此种非生产状态的旅游胜地存在着对资本空间生产的反抗，是一种"现实的乌托邦"。然而事实上，在消费社会中，消费行为本身已经通过创造"伪需求"而成为生产的动力。大众传媒宣扬着的正是一种符号的礼拜仪式，空间作为氛围营造的手段不断诱惑人们，永不停息地追逐着同质化的虚荣表象。享乐的建筑并不反抗空间的生产，相反，它是空间生产的补充能量，有时甚至是决定性的能量。

在现代生产条件无所不在的社会，生活本身展现为景观（spectacle）的庞大堆聚。直接存在的一切都转化为一个表象。[1]

1　Debord G. The Society of the Spectacle [M]. Cambridge, Mass: The MIT Press, 1994: 12.

于是，我们可以假想另外一种"柏林墙"，它不再只是库哈斯眼中那个依靠人的本能所驱使的欲望机器，而是一个被外在力量所操控的符号编码的永动机：这是一个资本的乐园，是充满幻象的"恶托邦"——空间所生产出来的产品、关系、形式与文化，被脱去了它们的意义，作为象征的表象，制造饥饿，又填补饥饿，永远地反复着。在这个巨大的近乎无限的封闭空间内，眼睛被绚烂的影像所充斥，身体被炽热的氛围所包裹，如戏、如梦。

而这"柏林墙"的外部则与内部完全割裂开来：它是巨幅的广告，无数循环重复的影像随着墙体延展开来，也许它和它所占据的环境有着某种呼应，也许它只是纯粹展现着某种并不存在的异象，但无论是哪一种，它和内部的空间是毫不相干的。它从形式上来说并非均质化，然而从内容上来说却是绝对的均质化——没有触觉的表面、没有互通的信息、没有意义的图像，无论它们以何种方式和样态排列并置，也许蜿蜒也许笔直，也许鲜艳也许单调，但所有这一切指向的，只有它们作为符号编码系统的元素所构造的虚无梦境。这或许便是现代社会不断进化所产生的最终形式的空间产物。

当然，这样的"恶托邦"早已存在于我们的世界——拉斯韦加斯。孤立在内华达州的沙漠与戈壁的包围中，这里是一片与世隔绝的乐土。人们驱车数英里，带着即将释放的欲望，终于目睹了一片资本的桃花源。梦中的威尼斯、梦中的埃菲尔铁塔都活生生地展现在眼前，绚烂的色彩充斥着不夜的星空，一切都好不快乐。任何处在拉斯韦加斯的人都会不免丧失沉着的理性，被这些虚荣的表征所诱惑，永无止境地消费、挥霍。而工作和生活在拉斯韦加斯里的人们，则依靠着这些无尽的消费，为自己捕食。

如果说这样的"恶托邦"是现代社会自发形成的，那么建筑师的身份究竟在这其中是怎样的？

自启蒙运动起，建筑师似乎自主地承担了一个社会空间总设计师的职责：他不再单纯为传统社会的统治阶级服务，他忽然意识到，自己脑海中所营造的抽象空间，从一定程度上可以彻底地改变社会形式，乃至于社会制度本身。于是，无论是法伦斯泰尔、花园城市、构成主义的纸上乌托邦，还是柯布西耶的光辉城市，建筑师通过平面化的空间布局规划，渴望为更多的人们构造出永恒快乐的现世天堂，却机械地通过分隔的手段限定空间的使用，在原本已经处于异化状态的现代社会中，进一步强化了这种所谓空间的"内与外"的异化、"身体与容器"的异化、"过程与结果"的异化、"形式与内容"的异化。最终，现代都市建筑空间也终于被异化为符号系统的元素，沦落成为资本链条中的零件（但空间是一个不同于其他零件的部分，它所起的作用恰恰是将所有元素进行串联）。建筑师所自认为承担的历史与社会责任，不过成为了资本持有者进行压迫的工具，在这场资本社会的发展中，他们错误地定位了自己，正如曼弗雷多·塔夫里 (Manfredo Tafuri) 所言：

　　建筑师意识形态化地设定了平面布置的铁律，却无法阐释这铁律背后的历史形成，如今则又反抗他们自己设立的规则所带来的恶果。[1]

从这个意义上来说，建筑师一半是受害者，一半是帮凶。

全新的纪念性？空间的自发创作与个性的表达

　　要么是单调乏味的空间机器，要么是促进文化再生产的消费符号，现代建筑已经无可避免地被资本所捆绑，甚至其美学本身的意义也受到冲击和质疑。在这样一种无形的压迫之中，居者是否还有可能摆脱这种审美消费的捆绑，而在建筑空间中找寻到一种文化的个体与集体认同呢？

　　在现代社会的宏大叙事之下，我们依然能够找寻到零星的空间的自由。就好比在北京，那些早年间的市属或企业所属的公房，如今已经被居住于此的人们改造与扩建成了不同的模样。这些单调的"赫鲁晓夫楼"的立面上，可以清楚地看到每家每户所做的装点。有些用的是废弃的材料拼接而成，有些则是重建的结构以扩建面积，不同材料的选用、不同的功能与物品的摆放，无不在展现着窗户之内每一户人家的"日常"，它们的形

1　Tafuri M. Architecture and Utopia: Design and Capitalist Development[M]. Cambridge and London: the MIT Press, 1976: 178.

式不在于最终打造成某种整齐划一的、唯美主义的表皮，这些
形式的设计的背后恰恰是生活本身（图 2-9）。

　　匈牙利作家米克洛什·哈拉兹提（Miklós Haraszti）认为，这些
劳动人民自己所生产的空间与物品，正是一种通往自由的方式。
它是纯粹自发的创造；它集合了那些废弃物品之美，又以最淳
朴的方式将它们融合为一体；它的形式与内容中存在着一种无
意义，这种无意义不会被形而上学的表达所捆绑。哈拉兹提将
这些自生产的空间分为两类：一类是纯粹的"功能主义"，用最
经济的形式制作完成；另一类是纯粹的"分离派"，即通过各式
各样的装饰语言来表达。在这种自生产中，生产者、生产工具、
生产资料与最终的使用者并没有像现代社会空间中所存在的那
样极端地分离和异化，而是完美地融为一体，任何的构建与解
决问题的手法都无不融合着生产者——同时也是使用者——的
身体的感知。这正如王澍所言的"业余建筑师"，自我建造的力
量、自然的力量、文化认知与表达的力量，都在这些"业余的"
建筑中被呈现出来。

　　这种居住者自我参与建造过程的行为不仅是一种趣味与个
性的自由表达，它可以在一定程度上成为有效的解决资金与社
会问题的手段。拥挤乃是都市所面临的最严峻的问题（但却也
是都市之所以能够繁华的原因），如何解决都市空间中紧张的
土地关系，那些自我搭建的棚户区和贫民窟事实上为我们提供
了答案。在智利北部的伊基克市中心，亚历杭德罗·阿拉维纳
（Alejandro Aravena）面对需要解决 100 户家庭的居所、每户一万美

图 2-9 北京人的"赫鲁晓夫楼"

元补贴（包括土地出让费用）的难题之下，试图启发使用者的
自身的创造能力去解决这背后难以平衡的资金。

　　一个中产阶级的家庭在一间大约八十平米的房子里会
生活得不错。但当资金不足时，市场会把房子的面积缩减
到四十平米。我们的想法是，如果我们不把一间四十平米
的房子视作一间狭小的房子，为什么不将它当作一间好的
房子的一半？当你把这个问题说成半间好房子而不是一间
小房子时，问题就变成了，我们要建造哪一半？[1]

　　于是，他用公共资金建造了诸如房屋结构、厨房与卫生间
等接入市政设施的部分，而将另一半的面积交予使用者：当资

1　来自阿拉维纳的
2018年TED演讲节目。

金匮乏时，居民可以在有限的空间内相对局促地生活，但一旦资金充裕，各家便可按照自己的能力与需求完成另一半。渐渐地，一个个完整的住宅拼接进了原有的框架之中，设计师所做的纯粹功能与结构的设计，随着居住者的使用与再创造而变得丰富。

然而这样带有公益性质的项目或许在整个市场中是个特例。如果我们放眼更广阔和复杂的问题，我们不禁怀疑，建筑是否真的可以自下而上产生？挣脱掉符号编码的资本束缚，挣脱掉一整套现代社会体系的禁锢？

铁托时代的南斯拉夫，首都贝尔格莱德就曾在一片荒芜的土地上试图建立这样一个摆脱资本束缚的乌托邦。新贝尔格莱德 (New Belgrade) 作为首都的一个自治市，其市政建设的资本与管理全部由当地工人联盟所运作。起初，20 世纪 40 年代至 50 年代期间，这里被规划为新的首都，而铁托对于这片象征南斯拉夫社会主义强国形象的新城，要求这里的建筑具备象征主义的纪念性。然而，随着 50 年代南斯拉夫国内的政治矛盾和经济问题，以及与周边国家的外交冲突的持续，最终这里只成为了一片住宅区，其规划设想则取材于柯布西耶的光辉城市——大片的高楼住宅与城市绿地，全部的市政服务集中在中心区域等。但尚未开始大量建设之前，柯布西耶所提倡的现代化功能性城市就已经被西方所诟病，并随着南斯拉夫国内经济的萎靡，真正的建设直到 1960 年后才开始。

光辉城市中的那般整齐划一、甚至颇为枯燥的城市形态并没有产生，原因在于从 50 年代中期开始，建设背后的资本运作采用了一种非中心化的形式。在这里，原先设想的中心政务区以及三个巨大的市民广场没有实现，留下的只有大片的单一功能的公寓街区。每一个矩形街区均由不同几家工厂联合的工人联盟所持有，所有建设的资本并不来源于市政收入，而是从工人的薪资中提取一定比例上缴至联盟，工人也被强制要求参与设计与建造的决策过程，而建设完成后，住宅再根据比例分配出去。由于每一个街区包含不同背景的使用者，而这些使用者同时又是建设资本的持有者，理论上来说，这里成为了真正的自下而上的、多元共存的混合街区。

然而，这样的街区模式在1990年宣告失败。看似完美无瑕的建造体系，却无法抵挡经济衰退和社会剧变所带来的失业人口与移民增加的问题。由于缺乏制度化的城市管理和基本的社区商业，新贝尔格莱德成为了野蛮生长的死城——这些住宅看似体面，实则内部已经沦为贫民窟，有些区域甚至缺乏基本的用水、用电和垃圾处理。新贝尔格莱德的建设资本模式，最终因不堪经济与社会问题的重负而被迫终止。

终究，在我们这个时代，建筑是产品，也是生产与再生产的机器。对于上述的回溯性的个性表达，以及某种乌托邦式的试验，是否真的可以形成一套系统性的手段以抵抗消费主义对建筑美学的侵蚀、抵抗现代社会空间对人的控制，笔者似乎是悲观的。然而，我们又的确需要建筑——尤其是公共性建筑——作为媒介，去传达一种对自我和对集体的身份认同。建筑文化不应被剥去意义，扁平化为一种视觉的冲击，也不应被赋予繁复的符号，使其空间体验被语言学的涵义所捆绑。建筑不是外在于身体的容器，它是身体所创造的空间的延续，它聚集着每个空间的使用者——同时也是创造者——的冲突与融合，它的建造与使用的过程就已经成为了某种个人或集体认同的表达。

> 筑造不仅是获得栖居的手段和途径，筑造本身就已经是一种栖居。[1]

这便是建筑的纪念性意义所在。

但这种意义的发掘，会是建筑美学的未来吗？我们不得而知。只是，作为一名建筑设计师，笔者仍然会呼吁建筑形式之于这种形而上价值的表达。在过去两百年来的现代社会的演变中，建筑在逐渐失去自身的本质价值，它被捆绑在了信息传播的高速战车之上，又漂散在网络图像的洪流之中，身不由己地成为了服务于他者的工具，更不要说这个"他者"甚至不是"人"本身，而是不断膨胀的资本。设计师们被卷进了资本漩涡的惯性里，难以冷静地去旁观与反省，但我们仍然要相信，建筑的价值不应，也不会被消亡。

1   Heidegger M. Poetry, Language, Thought [M]. New York: Harper Colophon Books, 1971: 154.

参考文献

[1] （德）阿斯曼 . 文化记忆：早期高级文化中的文字、回忆与政治身份 [M]. 北京：北京大学出版社，2012.

[2] （法）波德里亚 . 消费社会 [M]. 刘成富，等，译 . 南京：南京大学出版社，2014.

[3] （德）马克思 . 资本论（第二卷）[M]. 中共中央马克思恩格斯列宁斯大林著作编译局，译 . 北京：人民出版社，2004.

[4] Colomina B. Privacy and Publicity [M]. Cambridge, Mass. and London: The MIT Press, 1994.

[5] Debord G. The Society of the Spectacle [M]. Cambridge, Mass.: The MIT Press, 1994.

[6] Gillette KC. The Human Drift [M]. Boston: New Era Publishing Co., 1894.

[7] Eisenman P. Houses of Cards [M]. New York: Oxford University Press, 1987.

[8] Hatherley O. Landscape of Communism [M]. London: Penguin, 2015.

[9] Heidegger M. Poetry, Language, Thought [M]. New York: Harper Colophon Books, 1971.

[10] Koolhaas R. Delirious New York [M]. New York: The Monacelli Press, 1994.

[11] Leach N. Rethinking Architecture: A Reader in Cultural Theory [C]. London and New York: Routledge, 1997.

[12] Lefebvre H. The Production of Space [M]. Oxford and Cambridge, Mass.: Basil Blackwell, 1991.

[13] Lefebvre H. Toward an Architecture of Enjoyment [M]. Minneapolis: the University of Minnesota Press, 2014.

[14] Tafuri M. Architecture and Utopia: Design and Capitalist Development [M]. Cambridge, Mass. and London: the MIT Press, 1976.

建筑的语言学诠释

课题关键词：**认知**

 从思维认知的角度去理解建筑创作过程中的真相

　　长期以来，建筑多以花边新闻（比如中央电视台总部大楼的"大裤衩"形象讨论、三联书店海边公益图书馆的"孤独"气质讨论）、产品说明书（各种建筑项目的商业汇报文书）、文本游戏（各种脱离建筑实践的纯粹建筑理论研究）、解谜游戏（各种建成建筑的案例分析）等衍生品方式出现在公共讨论中，这些都远离了建筑本身的原初意义——建筑创作的真相。接近建筑创作真相的最有效途径，就是对建筑创作过程本身的反思，它是建筑创作发生的第一现场，是建筑创作真相的如实反映。并且，建筑创作是作为创作主体的人跟作为创作客体的建筑之间的思维互动活动，建筑的创作过程也是思维的认知过程，因此反映主体的认知机制跟反映客体的建筑逻辑，同样重要。

创作日志

廖晓飓

背景

今天，随着技术和媒体的进步，我们可以通过各种渠道获得关于建筑的讯息，建筑像其他事物一样，更多地进入到公众的讨论中。这其中有关于建筑图像的讨论，有关于建筑文化意义的讨论，有关于建筑合法性的讨论，但这些讨论的重点都是建筑产生后的衍生品和附属物，而不是**建筑本身的产生**。

关于建筑本身是如何产生的讨论，更多集中在建筑师职业圈和学术圈等专业领域。在职业圈里，这些讨论更像是一种产品说明书，比如各种建筑项目的商业汇报文书；在学术圈里，这些讨论更像是一种文本游戏，比如各种脱离实践的纯理论研究，或者更像是一种解谜游戏，比如各种建成建筑的案例分析。专业领域的这二者都关注建筑本身的产生，并且关注其原初意义——**建筑创作的真相**，只是前者基于取悦甲方或公众等商业上的动机，更多沦为一种真相的虚假再造，并不把真实的创作过程反映出来；后者则因为第三人称视角的原因，更多只能是对建筑创作真相的揣测和解读。

这两个涉及建筑创作真相的讨论，都着眼于建筑创作的结果，而忽略了**建筑创作的过程**。笔者认为接近建筑创作真相的最有效方式，正是对建筑创作过程本身的反思，它是建筑创作发生的第一现场，它如实地反映了一个建筑从无到有的真实演变过程。

建筑创作过程的理解

　　首先面对的问题是，建筑创作是一个怎样的过程？不同的人可能会有完全不同的回答，事实上，建筑创作的过程比较复杂，基于不同的创作者，以及不同的项目，创作的过程都不尽相同，甚至同一个创作者的不同项目，创作过程也都不一样。有的创作会从局部入手，有的则会从整体策略出发；有的会从体量入手，有的则会从功能出发；有的一开始就确立好整个项目的构思理念，有的则可能在项目进行到尾声的时候才重新梳理出构思理念；有的可能从二维平面入手，有的则可能从三维空间出发。还有很多可能性，笔者就不一一列举了，为了对建筑创作进行更系统的讨论，笔者并不打算考察或树立某一种具体的创作模式，而是试着去找到不同的模式背后**普遍存在**的一些因素。

　　如果从最基本的常识角度来看待建筑创作，我们会发现无论是怎样的创作者以及怎样的项目，其过程似乎都至少包含这些因素：设计要求、设计规范、场地条件、文化影响、案例、范式、形式、空间、功能、使用、材质、结构、构造、建筑实体。既然如此，我们就从这些因素开始建筑创作过程的讨论。

　　这些因素中的设计要求、设计规范、场地条件和文化影响，它们限制或推动了建筑创作，它们是每一个创作的起点，设计要求或设计规范可能是很明确的，但像场地条件和文化影响这些因素，多数情况下是不明确的，需要我们主动去洞察和捕捉，并且更重要的一点是，这些因素无法直接成为建筑，它们更像是外在于建筑的因素，因此我们暂且将这些因素定义为**外在因素**。

案例和范式，是我们日常通过各种直接或间接的方式，获得的关于建筑的各种素材，离开了这些素材，创作难以开始，就像是无米之炊，这些素材是我们进行建筑创作的原材料，我们暂且称它们为**已有意向素材**。

形式、空间、功能、使用、材质、结构和构造，从创作的过程来说，它们似乎距离最终的建筑最近，并且我们可以出于对它们本身的考量去推敲它们，出于对它们本身的动机去改变它们。这是前面提到的外在因素所不具备的特点，因此我们暂且将它们定义为**内在因素**。

最后让我们看看建筑实体。一个建筑，无论它对应着怎样的理念，但最终它是作为一种实体存在的，并且这种存在是唯一的。具体来说，某个抽象的想法或者理念可以很容易被复制，但具体世界中的实体因为处于一个开放世界，它有着无限丰富的细节和观察视角，这使它难以被复制，我们暂且称它为**新的建筑实体**。

通过这些讨论，我们概括了四类因素的各自特点，更重要的是，我们可以从更系统的角度来看待建筑的创作过程了。这四类因素，是所有建筑创作都不可回避的普遍因素，**创作的过程，实际上就是这些因素之间的正向转化关系**。如果以创作者

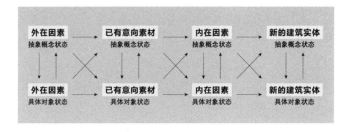

图 3-1 建筑创作过程的实质: 关系转化

对这些因素的操作方式来考察这些因素，我们会发现它们有一
个共同特点，随着创作的推进，它们都不断在创作者头脑中、
手绘图纸中、实体模型中、电脑图纸中、电脑模型中转换，不
断以两种方式呈现出来: 脑中的抽象概念、现实中的具体对象，
因此这些因素的转化关系可以视为**抽象概念和具体对象间的转
化关系**，我们可以如上图所示从比较系统的层面对建筑的创作
过程做一个完整的描述（图 3-1）。

建筑创作的诉求

接下来的问题是，建筑创作的诉求是什么？让我们继续回
到常识的角度回想一下，当我们审视一个建筑作品时，经常会
产生怎样的评价？ "这个建筑不符合规范" "这个建筑跟环境融
合得真好" "这个建筑的理念很妙" "这个建筑好像曾经见过" "这
个建筑应该还能有更好的处理" "这个建筑看起来很酷"，相信
这些碎片式的话语并不陌生，它们都可以代入我们讨论过的四
类因素进行理解，比如 "符合规范" "跟环境融合" 可以在外在

因素角度下理解，"理念很妙""曾经见过"可以在已有意向素材角度下理解，"更好的处理"可以在内在因素角度下理解，"看起来很酷"可以在新的建筑实体角度下理解，这意味着我们同样可以从系统性的角度来理解建筑创作的诉求。

外在因素的存在意味着**合理性**的诉求。除了对设计要求和设计规范这种明确外在因素的满足，建筑创作还需要在开放的场地和文化环境中找到合适的条件作为创作的起点，后续已有意向素材的选择、内在因素的推敲乃至最终的建筑实体，都需要回应这些外在因素。并且，内在因素还有着自身的操作规则，这些规则也意味着合理的处理方式。举一个简单的例子，如果某个项目要求设计一个剧场，最终的处理方式却是摩天大楼式的竖向空间，那么这显然是不合理的，它会有使用上的困难，水平向的向心型空间是更合理的选择。

外在因素的回应是不可避免的，已有意向素材的使用也是不可避免的，但每一个建筑之所以不同，创作之所以被称为创作，是因为创造性是其最根本的诉求，开放世界中对不明确的外在因素充满想象力的捕捉，对已有意向素材充满原创性的调用和重组，内在因素之间打破常规的组合关系，都意味着**独特性**的诉求。仍然举剧场的例子，通常来说剧场的处理是营造一种具有私密性、仪式感的观演空间，而迪和查尔斯威利剧院(Dee and Charles Wyly Theatre)将公共性引入进来，试图打破剧场本身作为一种精英阶层消费场所的固有定位，为剧场空间带来了独特的认识角度。

图 3-2　建筑创作过程中的诉求关系

　　不明确外在因素的捕捉，已有意向素材的选择，内在因素乃至最终建筑的成型，这些都不是一步达成的，而是伴随着不断地试错和推敲，就好像是解数学题，最终的答案需要我们运用不同的角度和思路，进行各种方式的尝试和演算，才能得到更好的解法，这些试错和推敲产生了创作中所必需的**可能性，**它使我们找到更好的处理方式。我们通常看到的建筑作品，它的最终方案可能是建立在无数被废掉的草案基础上的，那些草案都是创作者找到最终解法所进行的可能性尝试，比如我们熟知的中央电视台总部大楼 (CCTV Headquarters) 项目，在方案创作期间至少做过 100 个不同思路的草模。

　　前面讨论的三个诉求，最终都是通过建筑实体来进行表达的，创作者多数情况下无法直接向受众陈述自己的构思理念，而是通过建筑实体自身去间接传达，但建筑实体是一种具体对象，它无法像抽象概念那样精确地传达某个理念，因此它本身呈现的**清晰性**至关重要，其他诉求的实现都建立在它的清晰呈现之上。

　　到这里，我们已经能从较为系统的角度归纳出建筑创作的四个诉求了，它们是针对建筑创作过程中的四类因素提出的，可以把它们的关系描述为上图（图 3-2）。

认知语言学的引入

　　前文对建筑创作的过程及建筑创作的诉求进行了基本的梳理，建筑创作可被视为抽象概念和具体对象之间的转化关系，过程中需要实现的合理性、独特性、可能性和清晰性也是针对这些转化关系的。笔者尝试引入认知语言学来进行进一步的讨论，因为认知语言学研究的是现实对象跟主体思维认知间的互动关系，以及人类主体思维对抽象概念的处理方式，这些正是我们在前面提到的**抽象概念跟具体对象之间的转化关系**，建筑创作是作为主体的人跟作为客体的建筑之间的思维互动活动，建筑的创作过程也是思维的认知过程，因此反映主体的认知机制跟反映客体的建筑逻辑，同样重要，通过认知语言学的引入，我们能从思维认知这个角度来理解建筑的创作过程。

　　首先简要介绍下认知语言学，它主要是在认知科学的理论背景下建立起来的，认知科学是它主要的理论基础，它被视为认知科学的一个分支，是认知研究和语言学的边缘学科。

　　在语言学的脉络上，它是对费尔迪南·德·索绪尔 (Ferdinand de Saussure) 的结构主义语言学和艾弗拉姆·诺姆·乔姆斯基 (Avram Noam Chomsky) 的生成语义学的批评性发展，主要强调语言只是认知机制的反映，不再仅仅研究语言系统本身的原理，而是研究语言背后的思维认知机制。

　　在认知科学的脉络上，它是在第二代认知科学的体系下构

图 3-3　建筑创作过程跟认知语言学的关系

建起来的，核心原则在于从身体经验和认知出发，研究概念结构和意义，努力寻找语言背后的认知机制。

　　可以发现，这两个脉络的共同点都在于处理现实和认知之间的**认知机制**（图 3-3），这是认知语言学的主要研究内容，也是笔者尝试引入对建筑创作过程进行讨论和分析的重要工具，将在下文的图解操作中详细展开这些机制的介绍和讨论。

图解的操作性

　　建筑创作者在创作过程中通过勾勒构思草图、绘制二维图纸、三维软件建模、制作实体模型这些具体的操作方式来帮助推敲。这些操作方式是实现建筑创作诉求的直接手段，它们各有特点，有的迅速直接、有的精确系统、有的能提供更多视角和可能性、有的更接近最终建筑结果的呈现。然而笔者希望能从更系统的层面去把握建筑创作的真相，因此并不打算深入讨论每一种特定的操作方式，而是尝试去发掘它们背后的**普遍特点**。无论哪种操作方式，它们似乎都有这样的特点：创作者对

图 3-4　图解思维的根本逻辑

现实世界的认识和捕捉以形成构思，将脑中的构思以具体方式
呈现出来。这种普遍的特点可以通过**图解**来进行定义。

　　图解是什么？根据词源学，图解 diagram 是 dia- 和 -gram
的统合，dia- 是 "切开、面对、剖析"，-gram 是 "字母、图形"，
因此图解可以被理解为剖析事物的构成并以图形化的方式呈现
出来。可以发现，这正是前面讨论的构思草图、二维图纸、三
维软件模型、三维实体模型等具体操作方式所共享的普遍特点。

　　如果我们进一步考察图解的定义，"剖析事物的构成" 就
是通过抽象概念去认识现实世界的具体事物，也可以看成是把
具体事物进行蒸馏化、抽象化处理以形成抽象概念，而 "图形
化" 则是把脑中的抽象概念以某种图形化、可视化的具体方式
呈现出来。我们可以发现，图解就是**具体对象的概念化和抽象
概念的对象化**的反复操作，在这个过程中，图解起到了**辅助思
维认知**的作用：通过具体对象的概念化，从而获得了对事物的
初始认知、产生初始概念；通过抽象概念的对象化，一方面起
到对思维的记录作用，另一方面由初始概念呈现出来的新对象
可被再一次概念化，以形成新的认知、产生新的概念。如上图
的简单例子所示（图 3-4），当我们把脑海中 "椅子" 这个抽象
概念以某种具体的方式呈现出来后，我们可以对 "椅子" 这个

图 3-5　图解跟认知语言学的关系

对象进行重新的理解和认知,进而在既有抽象概念"椅子"之外,产生"休息""木材""弧线""支撑""量产""圆柱""光滑"等新的抽象概念。这个过程,仅依靠脑海中的抽象思维是无法完成的,需要借助抽象概念和具体对象的来回转化才能实现,通过这样的考察我们可以发现,图解也可以在认知语言学的视角下进行讨论(图 3-5)。

那么,我们一直在讨论的"抽象概念跟具体对象之间的转化关系",在认知语言学中具体是怎样的认知原理? 运用了哪些重要的认知机制呢? 根据认知语言学家们的研究,认知语言学的基本原理可以简单表述为: 现实——认知——语言,如果将这个描述细化,则是: 现实——互动体验——意象图式——范畴——概念——语言。具体来说就是,我们在现实世界中进行各种互动体验,这些体验最开始形成了基本的意象图式,进而在这个基础上对意象图式进行范畴化,最终建立了范畴,形成了概念,语言则只是认知概念的反映,认知的核心其实就在于概念的形成以及对概念的加工处理,而这主要就依赖于各种重要的认知机制。接下来,笔者将引入其中的**意象图式、原型范畴、范畴化层次、隐喻和转喻、象似性**机制,来进行建筑创作过程中图解操作的详细讨论。

意象图式

　　根据乔治·莱考夫 (George Lakoff) 和马克·约翰逊 (Mark Johnson) 的定义，意象是指在没有现实对象的情况下留在人们头脑中的印象，换言之，也就是在没有具体事物存在于现场的情况下人们依旧能够通过想象唤起该事物各种属性的感觉。图示则指人们把经验和信息加工组织成某种常规性的认知结构，可以较长期地储存于记忆之中。意象图式就是人类在与外界现实进行互动性体验过程中反复出现的常规性样式，主要表现为一些基本的拓扑结构和图像。举个简单的例子，当某人说出 "狗" 这个概念的时候，即便现场没有狗，我们脑中仍然会有一个关于狗的基本形象，这是基于我们以往的经验而形成的。

　　而这其中最值得我们关注的是，我们所积累的这些基本形象中，有一些居于底层、最为基本的意象图式，这些图式是我们理解其他一切概念的基础，这些图式就是莱考夫所定义的六种动觉意象图式：容器图式、部分—整体图式、连接图式、中心—边缘图式、始源—路径—目的地图式、其他基本关系图式。它们的共同特征是：表达了**基本的空间关系**。人类最基本的经历就是对自己身体和周围空间的理解，我们十分熟悉自己身体和外部世界的相对位置，因而形成了诸如 **"内" "外" "上" "下"** 等最为基本的意象图式，我们的身体经验也成为各种各样概念的来源，换言之，意象图式主要就是以空间关系（如内—外图式、上—下图式、前—后图式等）为基础再通过隐喻等方式扩展至其他概念的。

在建筑的操作中，这些基本意象图式有着至关重要的作用。建筑最终的呈现是以物理实体来实现的，人们直接认知的是作为实体体量存在的建筑，建筑对构思理念传达的清晰性首先就是**实体体量在空间位置关系上的清晰性**。换句话说，建筑从某个层面来说处理的核心问题就是实体空间的诸如内外、上下、前后等基本位置关系，这种关系越清晰，建筑就越容易唤起我们的基本经验从而获得我们更多的关注，这解释了为什么通常来讲，某些体量关系清晰的建筑比如底层架空的萨伏伊别墅、具有强烈动势感的维特拉消防站 (Vitra Fire Station) 这样的建筑，很容易吸引我们的注意力而获得更强的识别性，正是因为它们的体量关系清晰地强调了这种基本的空间意象图式。

下面是笔者参与创作的一个项目，项目的定位是一个稻田中的餐厅，这个餐厅最终从体量上来讲，表达了一种"漂浮"的意象（图 3-6-a）。在创作推敲的过程中，笔者尝试了多种不同的方式去处理屋顶、立面和下方功能体量之间的交接关系，比如将功能体量作为核心结构撑起屋顶（图 3-6-b），或者把立面作为承重因素考虑并跟屋顶通过相同材质联系在一起（图 3-6-c），但最终选择由细密的柱子支撑屋顶，且屋顶跟下方的厨房、卫生间等功能体量完全脱离，建筑立面用纯净通透的玻璃幕墙来实现（图 3-6-d）。这些体量跟材质的处理都只

(3-6-a)

为达成一个目的：消解屋顶跟下方建筑元素的联系，以形成独立的、漂浮的感觉，也正是这样清晰的体量关系使建筑获得了清晰的识别性。且在这个案例中，我们可以进一步考察到，这种空间位置关系的清晰识别，是跟建筑的建构关系紧密关联的，存在于真实世界中的形式体量，无法仅依靠理想的纯粹数学位置关系确立其最终的具体形式，它还受到力学关系的制约。在这个案例中我们可以看到独立的、漂浮的位置关系，是通过细密柱子支撑这种尽量消隐承重体系自身体量的方式实现的，这样的建构方式清晰地传达了力的分布和流动方式。我们通过这些方式的清晰感知而获得了"漂浮"的空间位置关系意象。

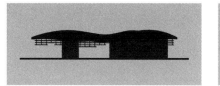

(3-6-b)

(3-6-c)

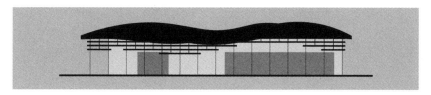

(3-6-d)

图 3-6　稻田餐厅

原型范畴

　　我们在这个世界上活动，发现自己被各种各样的现象包围着。我们会去识别它们，对它们进行分类并给予合适的类别名称。当然，这种分类是一种心理过程，这种分类的心理过程一般被称为范畴化，范畴化的结果就是认知范畴或者说概念的形成，比如红色、黄色、蓝色等颜色概念。而范畴或者说概念，是以**原型**为参照点定位并构建起来的，原型就是那些**在认知上具有显著性的意象**。举个例子，"麻雀""鸽子""鹦鹉""鹰""企鹅""鸵鸟"这些意象都可以作为"鸟"这个概念的成员，但是"麻雀"和"鸽子"会比"企鹅"和"鸵鸟"显得更"像鸟"一些。当我们提到"鸟"这个概念时，我们更容易想到它们，它们作为"鸟"来认识的时候具有特殊的显著性和典型性，能更好地作为"鸟"这个范畴的样本和成员，我们可以说"鸟"这一范畴，是以像"麻雀"和"鸽子"这样的原型意象为中心构建起来的。类似的例子还有几何形状，在各种形状中，"正方形""圆形""等边三角形"，相比于其他任意的、不太规则的形状来说，在认知上更具有显著性和典型性，更容易被识别。

　　原型，或好样本的这种显著性地位，似乎是一种直觉上的判断，它是否能通过更精确的方式来描述呢？认知语言学家们通过诸多实验和论证找到了两个方式，第一个是**属性**，第二个是**完形**。

关于属性，可以通过维特根斯坦的"家族相似性"理论来理解，即：家族中的每个成员与其他成员之间，都有一个或几个共有的属性，但是没有或很少有全部成员共有的属性。回到前文中"鸟"的例子，我们可以通过各种诸如"下蛋""有两翼和两腿""有羽毛""小而重量轻""会飞""有瘦而短的腿""短尾""有喙"等属性对"鸟"这个概念进行描述。进而我们会发现，"麻雀"和"鸽子"这种原型样本（好样本）几乎有以上所有的属性，而"企鹅"和"鸵鸟"这种边缘样本（差样本）只有其中少量几个属性，可以发现原型样本和边缘样本的差异就在于范畴属性的多少，通常原型样本是范畴中具有最多属性的样本。

关于完形，认知语言学家们有这样的发现：尽管属性的描述对于原型的定义以及我们感知原型特别重要，但是回到日常经验，我们去感知一个事物比如一只鸟的时候，我们几乎不会通过考察那些"鸟"的属性去评判它是否是一只"鸟"，我们更多是先从整体上把握它，觉得它是一只"鸟"，进而才可能开始去审视它的各种属性。这种整体认知，接近完形心理学家提出来的完形概念，他们发现了诸如邻近原则（个体成分之间的距离很小以至于被认知为有某种联系）、封闭原则（封闭的图像更容易被认知到）、连续原则（成分间几乎没有断点而能被认知为一个整体）这些"完形原则"。事物的构造越符合这些原则，越有可能因为外形清晰而被显著认知到，比如前面提到的几何形状的例子中，正方形、圆形、等边三角形就是符合这些完形原则的"好形式"。而这种完形感知多数时候可以通过视觉上关键部分的抽象简化来实现，因为简化的形式非常容易被我们把握和识别，这在很多简笔画、导向标识中可以看到；但有时在面临一些属性信息复杂的事物时，简化的形式对它们的完形认知来说则是远远不够的。我们看右图的例子，右图中上边是一张平房图，下边是一张农舍图（图 3-7）。平房可以被简化为它的功能组成部分（墙、屋顶、窗户、门的单层建筑）并仍能被轻易识别；而对农舍的图式来说，尽管一所房子完整的比例协调的组成部分是很重要的，但那并不足以让我们识别出 "农舍" 的概念。农舍的原型完形包含的不只是那些，它还包含了丰富的细节：带来温暖与舒适的感觉、处于自然的乡野环境中等，这些细节对于它的识别来说似乎是必需的。我们能够发现，抽象简化的形式非常易于识别，它因为符合完形原则而具备视觉认知上的秩序；但对于具体事物的识别来说它却是远远不够的，具体事物包含丰富的细节和复杂的信息，这些是我们识别它们的必需条件，也是它们区别于其他具体事物的独特特点。

　　这两点对于一个建筑最终体量的清晰识别来说都很重要，一方面形体可以**被简化为某种抽象简化的构成关系**，这可以带来视觉认知上的秩序而获得识别的显著性，另一方面形体需要**具备复杂的属性或丰富的细节**，这给形体带来了存在于真实世界的合理性和独特特征。下面列举了笔者参与创作的四个案例，都反映了原型的这些特点在识别性上的运用。

　　第一个案例是一个民宿酒店，建筑最终的体量呈现为一种

1　（德）温格瑞尔，（德）施密特. 认知语言学导论（第二版）[M]. 彭利贞, 许国萍, 赵薇, 译. 上海: 复旦大学出版社: 2009: 42. 作者改绘

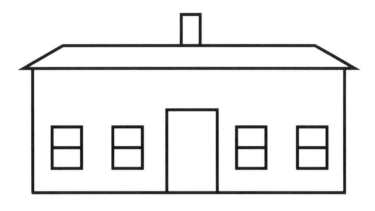

图 3-7 平房和农舍[1]

(3-8-a)

错位穿插的意象（图3-8-a），这是形式抽象简化关系的体现
（图3-8-b），这使建筑具有很显著的识别性，在这个基础上，
它还包含了丰富的局部变化，这些局部变化使建筑的体量具备
了复杂性，而这些复杂性是源于建筑形式秩序之外的其他属
性：功能使用、建构逻辑、场地关系、尺度因素等（图3-8-c）。
换言之，最终形体识别的清晰性，不仅在于普遍的、一般化的
抽象形式关系的运用，还在于它是一个具有复杂性的形式，是
一个具备综合属性意义（功能、构造、场地关系、材质选择）
的建筑形式。这些复杂属性是这个项目独特特征的集合体，使
它成为独一无二的建筑形式，是它合理而独特的反映。

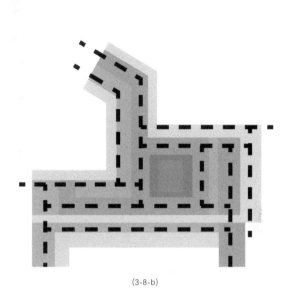

(3-8-b)

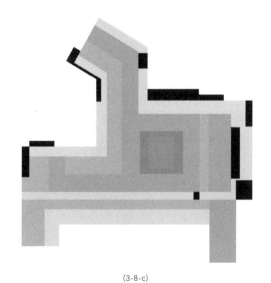

(3-8-c)

图 3-8　民宿酒店

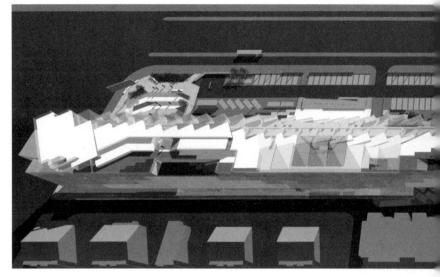

(3-9-a)

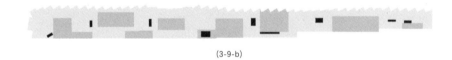

(3-9-b)

　　第二个案例是一个文创商业综合体。这个建筑屋顶体量
的清晰呈现（图 3-9-a），除了源于抽象形式关系带来的韵律
感和错动感的清晰意象，还兼顾考虑了各种复杂属性：屋顶下
方矩形功能体量的交接关系（图 3-9-b）、屋顶花园的退台空
间体验（图 3-9-c）、框架结构体系跟楼板及幕墙的交接关系
（图 3-9-d）、建筑菱形的玻璃幕墙表皮的交接处理（图 3-9-e），
这些复杂的属性使它具备了合理性和独特性。

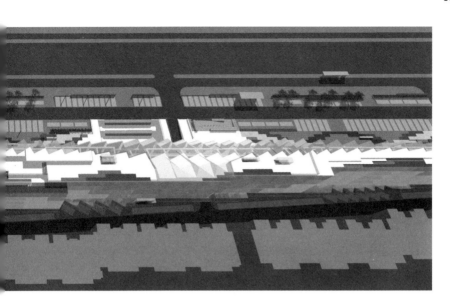

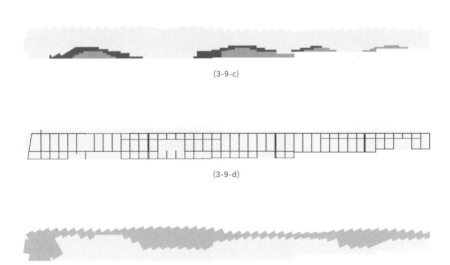

(3-9-c)

(3-9-d)

(3-9-e)

图 3-9 文创商业综合体屋顶

(3-10-a)

　　第三个案例是一个景区商业综合体。建筑最终的体量呈现
为三个矩形体的 Z 形堆叠（图 3-10-a），而这个意象并不是一
个完全匀质的抽象形式关系（图 3-10-b），它呈现出极大的不
平衡性（图 3-10-c），这种不平衡性源于：建筑内部对商业大
中庭空间的使用需求（图中标记 A）、建筑每个部分都需要靠
近山崖边缘位置（图中标记 B）以获得最佳的观景视野、跟现
有公共活动平台（图中标记 C）的合理交接等复杂属性。

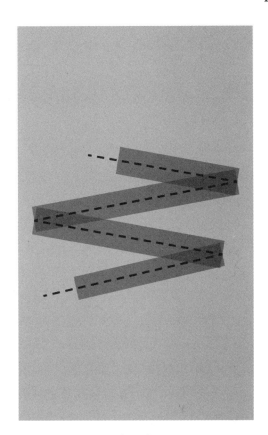

(3-10-b)

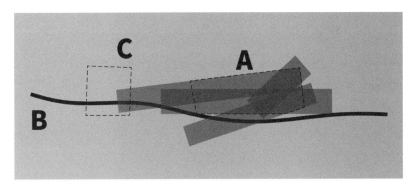

(3-10-c)

图 3-10　景区商业综合体

(3-11-a)

图 3-11 景区游客服务中心

第四个案例是一个景区游客服务中心。建筑最终的体量呈现为类 Z 形的片状物意象（图 3-11-a），除了这个清晰的抽象形式关系外，它还通过体量和材质表达了跟场地山体的关系：从山体中被掀开的意象（图 3-11-b），这个重要的关系使它区别于同为片状物原型识别的格雷斯农场社区中心项目 (Grace Farms Cultural Center) 的漂浮意象（图 3-11-c），二者在抽象形式

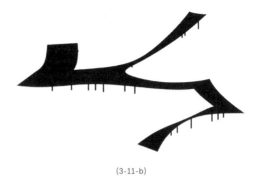

(3-11-b)

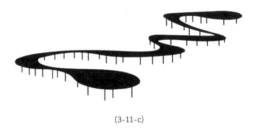

(3-11-c)

关系层面的确很相似，都共享了轻质屋顶及细密柱子的清晰完形，但各自独特的最终意象是源于不同的具体细节处理：跟环境土地颜色相似的铜材质的运用以及形体嵌入山体等处理，使游客服务中心呈现出从山体中被掀开的意象；跟环境土地区别很大的白色铝板的使用以及体量完全脱离于地面等处理，使格雷斯农场社区中心呈现出漂浮于空中的意象。

　　讨论完原型的典型性和显著性，让我们来看看范畴中另一个同样重要的特点：范畴的**边界模糊性**。认知语言学家们通过实验论证发现，相邻的范畴不是由明确的边界分开的，而是相互渗透的，在原型和边界之间的范畴成员，在典型上可以从好样本到差样本进行等级划分。让我们来看一个例子，威廉·拉波夫 (William Labov) 用 "杯子" 和诸如 "碗"、"花瓶" 等类似杯子的容器所做的认知实验（图 3-12）。可以发现 1 号是比较典型的 "杯子" 意象，5 号是比较典型的 "碗" 的意象，9 号是比较典型的 "花瓶" 的意象，它们之间没有明确的区分界限，2、3、4、6、7、8 号是一些非常模糊的样本，既像 "杯子" 又像 "碗"（如 2 ~ 4 号），或者既像 "杯子" 又像 "花瓶"（如 6 ~ 8 号）。

　　笔者以建筑元素为样本绘制了一张范畴图（图 3-13），可以看到同样的模糊性特点：概念范畴是以原型意象为中心构建起来的，一个范畴的原型样本拥有这个范畴最多的典型属性而容易被以这个范畴识别出来，并拥有与其他范畴的原型成员最大的区别（例如 "楼梯" 的概念圈中，正中心的那个意象因为具备最多楼梯的构成属性，因而是 "最像楼梯" 的，跟相邻的 "廊" 或者 "窗" 的中心意象区别很明显），而一个范畴的边缘样本则拥有这个范畴中较少的典型属性，但同时拥有一些其他范畴的典型属性，因此对它的识别是比较模糊的，各范畴的边界也是模糊的（比如 "门" 概念圈正中心的那个意象，它还同时位于 "梁" 和 "窗" 概念圈的边缘，它的某些比如有横向构成物、开放的形式等属性使它也具备被识别为 "梁" 和 "窗" 的潜力）。

1　(德) 温格瑞尔，(德) 施密特.认知语言学导论（第二版）[M].彭利贞，许国萍，赵微，译.上海：复旦大学出版社，2009: 22.作者改绘

图 3-12　拉波夫的杯子认知实验[1]

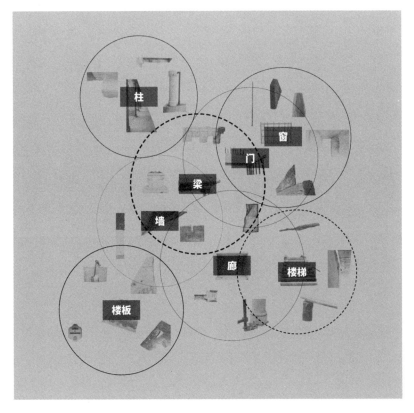

图 3-13　建筑元素范畴图

在建筑内在因素的推敲中，形体空间不是一次成型的，它们从雏形到最终建筑的推敲过程中，随着新的外在因素的加入，一直发生具体的变化，也因此它们不总是以原型样本或者完形的方式出现的，多数时候它们处在范畴的边缘，以不易识别和定义、非常模糊的认知方式存在的，这使它们具备了各种认知上的潜力，也具备了回应各种因素的潜力，就好像上图的建筑元素范畴图中呈现的那样，这些基本的建筑元素在建筑推敲过程中，具备了各种定义的**可能性**。

原型范畴认知机制中的最后一个问题，是关于**语境依赖**的。认知语言学家们通过实验和论证发现：认知范畴的原型不是固定的，引入特定的语境，它们就可能发生变化，范畴的边界也是如此。我们来做一个小小的实验：下面四句话中都提到了"狗"这个概念，读完每句话后思考一下我们分别容易想到哪种狗。

1. 猎人拿起枪，离开小屋并叫上他的狗。

2. 比赛一开始狗就开始追兔子。

3. 她把狗带到美容院给它打理卷毛。

4. 警察们带着狗排成一列面对暴徒。

在句 1 中，最有可能想到某种猎狗；在句 2 中，很有可能想到一只灰狗；在句 3 中，很可能是卷毛小狗；在句 4 中，则很可能是是德国狼狗。这个实验说明，什么最有可能成为某个范畴的成员，还要依靠语境而定，我们可能预期原型是我们的第一选择，但依靠语境，原型是会变化的。从属性的角度来看，语境使在范畴中原本很典型的属性失去了重要性（如 "吠" "有四条腿""高兴时摇尾巴""喜欢追猫"等属性），同时强调了本不凸显的属性，甚至引入了新属性（比如句 1 中的 "拾回猎物"，句 2 中的 "有细长的腿、有耐力"），这使那些原先的边缘样本被赋予更重要的属性而成为好样本甚至成为原型，而原已确定的好样本则降格为边缘成员。

在建筑的内在性因素操作中，时常会出现这样的语境依赖，随着我们对体量空间的不断推敲，它们一直在变化，对其中的某一个操作元素来说，它周围的环境不断在变化，使得我们对它的认知也在不断变化，从而产生更多认知联想上的可能性。

下面是笔者参与创作的一个项目，是一个地下文创体验厅的改造，在这个项目的推敲过程中，最初对于空间结构的设想是一个三开间，这决定了 1 号空间起初只是匀质的三开间里居于中间一间的侧翼部分（图 3-14-a）。接下来笔者在 1 号空间中置入了新的结构梁以呼应现有结构柱，这是对 1 号空间本身的操作推敲（图 3-14-b）。然后拆掉 1 号空间两侧隔墙代以玻璃（图 3-14-c），将三开间主体空间的隔墙处理成可移动货架（图 3-14-d），这主要为了实现三开间横向上的沟通，这是对 1 号空间周围环境的操作推敲。在这些操作后，1 号空间被强化出来（图 3-14-e），突破了本身的三开间匀质空间结构，具备成为整个空间中心的潜力，使整个空间结构由三开间转变成为了向心式，而它自身也从侧翼空间转变成为了中心空间（图 3-14-f），这正是由于它周围语境的变化，带来的对它认知上的可能性变化。

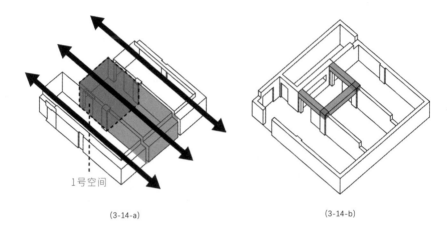

1号空间

(3-14-a)   (3-14-b)

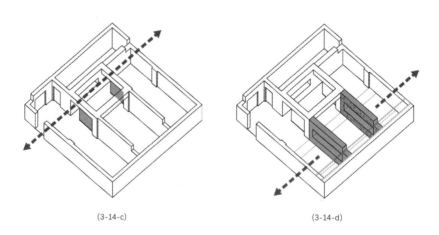

(3-14-c)   (3-14-d)

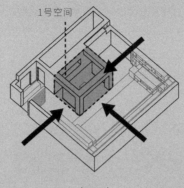

1号空间

(3-14-e)

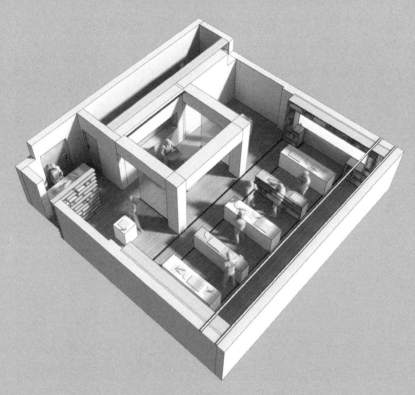

(3-14-f)

图 3-14　地下文创体验厅改造

范畴化层次

　　当我们对周围的事物进行范畴化时，一般来讲，我们会在各种普遍性程度不同的范畴之间做选择，我们会把躺在客厅地毯上的生物看作 "狗" "狗崽" "哈士奇狗崽"，或者从更理论的层面，把它看作 "哺乳动物" 或 "动物"。很显然，这些认知范畴是以一种上下位层级关系联系起来的，"狗" 被看作是 "狗崽" 的上位概念，"狗崽" 又是 "哈士奇狗崽" 的上位概念，从另一角度看，"狗" 是 "哺乳动物" 的下位概念，"哺乳动物" 是 "动物" 的下位概念。换言之，"哈士奇狗崽" 是一种 "狗崽"，"狗崽" 是一种 "狗"，"狗" 是一种 "哺乳动物"，"哺乳动物" 是一种 "动物"，它们是种类包含的关系，上位类包括下位类的所有项目。

　　这些范畴层次基本是以上位层次范畴、中间层次范畴和下位层次范畴这样的关系分布的，居于中间的中间层次范畴在等级上具有认知和识别上的突出地位，比如：我们见到一只狗时更可能称它为 "狗" 而不是 "动物" 或 "哈士奇狗崽"，我们提到一棵松树时更可能称它为 "松树" 而不是 "树" 或 "红松"。这种中间层次范畴被称为**基本层次范畴**。

　　基本层次范畴在认知上的突出地位，首先是因为认知经济性原则：以最小的认知努力去获得关于一个事物的最大信息量。基本层次范畴在内部的属性相似性和外部的属性区别性之间达到了理想的平衡，在这个层次上，同一范畴所具备的属性相似性是最多的,不同范畴之间的属性区别是最大的,比如"鸡""狗"是基本层次范畴,人们对"鸡"和"狗"的识别要比对"动物"的识别容易得多,且准确得多。同时很显然,人们区分"鸡"和"狗"要比区分各种不同的"鸡"如"芦花鸡""老母鸡"以及各种不同的"狗"如"公狗""母狗""狼狗""猎狗"容易得多,且准确得多。这正是因为上位层次范畴"动物"中的成员"鸡"和"狗"的相似性太少,而下位层次范畴"芦花鸡"中的成员"公芦花鸡"和"母芦花鸡"的区别性太少。

突出地位的另一个原因则是完形认知原则。在基本层次范畴上,范畴(比如"狗"的范畴)中的成员显然都拥有一个特定的心理形象,这个形象把所有种类的"狗"统一起来,并区别于别的基本层次范畴如"大象""老鼠"等。在上位层次范畴比如"动物"中,我们很难找到这样代表所有动物形象的完形,而在下位层次范畴比如"哈士奇"中,的确也存在这样的完形形象认知,但它跟别的下位层次范畴比如"阿拉斯加"的完形形象的差别则小到可以忽略不计,因此也难以达到区别的效果。

突出地位的第三个原因与行为有关,准确来说是跟我们与事物互动时的行为有关系。事物只有在基本层次范畴上才能对应起区别性显著、能被清晰识别的行为,比如猫可以被抚摸、花可以被闻到香味、篮球可以被拍打,我们很难想象各种不同种类的猫被以不同的方式被抚摸,也很难想象所有的动物都可以像猫一样被抚摸。

　　建筑中也存在"基本层次范畴"，它们是建筑经典的基本构成元素:"楼层""表皮""楼梯""柱子""屋顶""墙""楼板""门""窗""吊顶""坡道""露台""走廊"等等，这些元素都在属性上实现了内部相似性和外部区别性的平衡（比如：尽管"屋顶"和"楼板"都可以从"体量"层面看成是横向的体量，但这样它们各自的重要功能属性如"围护"和"构建楼层、摆放家具"的显著区别就被忽视了），都有很清晰的完形原型（我们很容易在内心想象"门"和"坡道"等基本元素的形象），且各自对应着不同的跟我们互动的行为关系（如"楼梯"满足"不同竖向空间的联通"、"柱子"则是"以轻量而经济的方式承重"）。在最终建筑实体的呈现上，通过对建筑中的"基本层次范畴"的呈现和强调，能够更好地去实现建筑概念和体量的清晰性。

　　下面是前文提到的文创商业综合体项目的室内中庭局部，这个中庭需要承担起入口的标志性作用，且需要在一层到六层之间形成三种不同氛围的空间体验（分别是 5 ~ 6 层会员活动空间的仪式感、3 ~ 4 层书店空间的静谧、1 ~ 2 层商场大厅的热闹）。最终的提案是在这个竖向贯通的中庭中置入三个具有各自显著特征的建筑构件：观演席、缓坡、旋转楼梯（图 3-15-a）。这三个建筑基本元素实现了三种不同氛围的空间体验的营造，并且因为自身作为建筑的基本层次范畴而获得了显著的识别性，从而实现了标志性的需求（图 3-15-b）。

　　前文提到，除了居于中间的基本层次范畴外，还有上位层次范畴和下位层次范畴，它们在认知和识别上不具备基本层次范畴

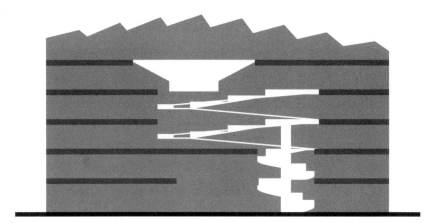

(3-15-a)

(3-15-b)

图 3-15　文创商业综合体中庭

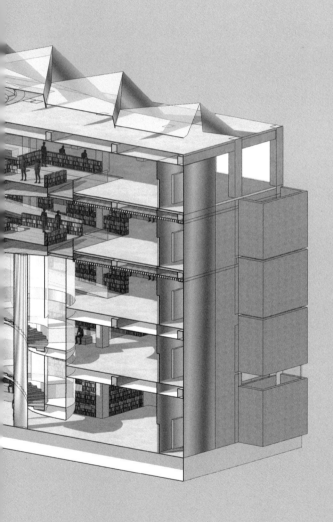

那样的突出地位，它们自身显得没那么重要，但是它们跟基本层次范畴之间有一种寄生关系。举个例子:如果要求你画一个"水果"，你可能会画一个 "橙子" 或者一个 "香蕉"，要求你画一个 "宜家的双人床"，你可能只会画出一个普通的 "床"，你会从 "香蕉" "床" 这些基本层次范畴那儿借用完形用在上位层次范畴和下位层次范畴上，这意味着，我们会借由基本层次范畴进行范畴的上下位层次的**拓展**，会在范畴层次的上下位之间**转换**。

这种拓展和转换非常有助于给建筑操作提供可能性。一方面，我们很容易在同一个形式类型（基本层次范畴）下进行不同种类的具体形式（下位层次范畴）的联想，比如当我们需要在空间里构思一个 "楼梯" 时，各种不同种类的楼梯意象都可能会从我们的脑中显现（图 3-16）。

另一方面，我们可以通过对一个形式（下位层次范畴）进行不断推敲，而赋予新的对形式的认识和定义（基本层次范畴）。比如通过对楼梯的形变操作，它逐渐从 "楼梯" 变成了 "观演席" （图 3-17）。

再者，我们还可以通过在居于上位的范畴中做简单、少量的可能性联想，从而获得居于下位的范畴中更丰富、大量的可能性。可以通过颜色的关系转换简要地理解这个转换关系 （图 3-18），在基本层次范畴中绿色、蓝色这种少量的元素变化，可以对应下位层次范畴中更大量的元素变化，这意味着居于上位的范畴层次的简单联想，可以拓展出居于下位的范畴层次更多的可能性。

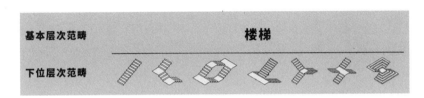

图 3-16 "楼梯" 种类

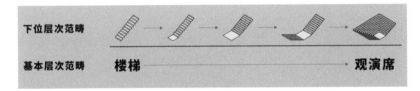

图 3-17 "楼梯" 到 "观演席" 的形变

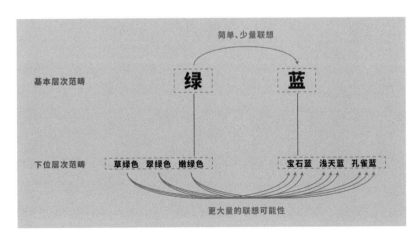

图 3-18 颜色关系转换图

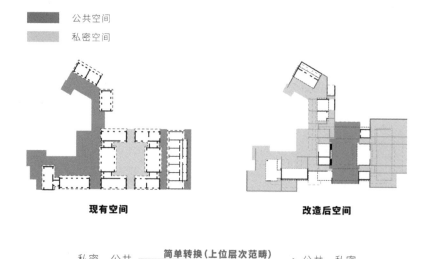

现有空间   改造后空间

(3-19-a)

前文提到的民宿酒店案例很好地反映了这种关系。它是一个改造项目，其核心构思理念是空间结构的反向置换（图 3-19-a），将现有仓库（图 3-19-b）空间结构中的公共空间转变为私密空间，将其私密空间转变为公共空间，以此来应对新的民宿酒店（图 3-19-c）功能类型的使用需求。这个思维的过程是：对现有的各种建筑外剩余空间（基本层次范畴）进行归类，从其本身的围合程度上定义出"私密—公共"的空间结构类型（上位层次范畴）；在这个空间结构类型的层级上思考相对少的其他可能性，比如"公共—私密"（上位层次范畴），并返回到具体的空间层面以形成中庭、廊道、庭院等各种新的空间可能性（基本层次范畴）。

(3-19-b)

(3-19-c)

图 3-19 民宿酒店构思（b: 根据谷歌地图，作者改绘；c: 王刚摄影）

从词语的形式构成角度来说，下位层次范畴通常是以复合词的方式出现的，如"黑—鸟"、"苹果—汁"、"轮—椅"、"报—纸"、"飞—机"，这些词通常由两个更为基本的词构成，而这些不同的词汇背后的认知原则是有很大不同的。"黑—鸟"基本可以视为"鸟"的下位层次，"黑"在其中只是对于颜色这个属性的突显，是一个形容词、一个修饰语，并未真正动摇"鸟"这个范畴，"黑—鸟"仍然是一种"鸟"，复合词中后面的构成词确立了该词的种类或者说上位层次范畴。而"苹果—汁"就开始略有不同了，它由"苹果"和"果汁"组成，这二者都是名词，都有自身的范畴："苹果""果汁"，虽然"苹果—汁"仍然属于一种"果汁"，虽然这个复合词中后面的构成词仍起到了确立其上位层次范畴的作用，但是我们会发现"苹果—汁"有大量的"苹果"的属性比如类似颜色、味道等属性，而不像"黑—鸟"只单单从"黑"里借用了颜色属性。

让我们再看看"轮—椅"，其背后的认知原则就更不同了，"轮—椅"当然从"轮子"和"椅子"那儿借用了许多属性，但是"轮—椅"既不是"轮子"的一种也不是"椅子"的一种，它自身变成了一种和"轮子""椅子"地位齐平的基本层次范畴，而细看它的诸多属性："医院的""残疾的""引擎""车闸"，这些都不是源于它的构成词"轮子"或是"椅子"，而是利用了大量的其他认知范畴。可以说像"轮—椅"、"报—纸"、"飞—机"这种复合词的例子，都反映了通过基本构成词的组合，在某些情况下能够产生**新的、自主的、不受基本构成词限定的基本层次**

(3-20-a)

范畴，这可以看成是 "轮—椅" 对 "椅子" 的**反客为主**，即从词语形式构成层面，"轮—椅" 本身作为 "椅子" 的下位层次范畴，转而在认知层面成为跟 "椅子" 地位齐平的基本层次范畴。

在建筑操作中，笔者经常能发现这些构成原则的运用，我们可以通过将两个基本层次因素结合在一起，去获得一个全新的概念。下面是笔者参与创作的一个项目，是一个酒店内部空间改造设计，通常来讲，泳池在酒店中都会独占一层，并且对于酒店大堂来讲，或者是处理成中庭而获得开放的中心空间体验，或者是处理成盖板而获得上层足够的功能使用面积，而这个项目的现有楼房只有两层，没有条件去实现独立的泳池层，同时也很难在这么局促的空间中实现开放的空间体验，因此笔者尝试将 "中庭" 和 "泳池" 这两个因素拼贴组合在一起（图 3-20-a），去满足以上的条件和要求，产生出一种新的空间体验（图 3-20-b）：既不是常规的 "泳池"，也不是常规的 "中庭"，而是一种新的、通透的、容纳运动和交流的 "中庭—泳池"。

(3-20-b)

图 3-20　酒店改造项目的中庭泳池

(3-21-a)

　　另一方面，在很多介于局部和整体之间的建筑操作中，一种"反客为主"的操作能帮助我们更好地统筹各个局部，实现建筑整体的清晰表达。下面的两个案例，都来自前文提到的文创商业综合体项目。第一个是综合体东侧的极限运动店局部（图3-21-a），这个局部的要求是：建筑下部是展示和售卖极限运动用品的店铺，为混凝土结构，上部是展示极限运动的广告牌，最好用轻量的钢结构去实现。这样带来的问题是，运动店建筑的上、下部分在结构关系上呈现为：下部作为结构主体基础、上部作为结构附属物（图3-21-b），而这种关系太过强调建筑立面的"两段式"构成，强化了建筑上、下部分在立面关系上的割裂，跟综合体立面的整体纯净效果不相融。最终的处理方式是将本来作为结构附属物的上部钢结构直接延续到了下部，用钢结构来进行整个运动店建筑的结构处理，建筑的上部以及钢结构因此获得了"反客为主"的转变（图3-21-c），建筑实现了整体立面的统一清晰表达。

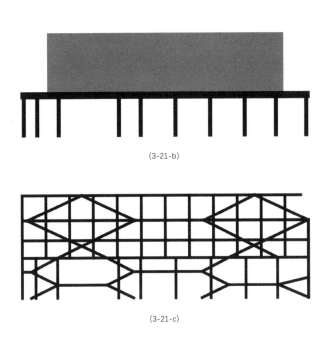

(3-21-b)

(3-21-c)

图 3-21　文创商业综合体极限运动店

　　第二个是综合体的内部平面处理，在用地红线的限制下，这个建筑的内部空间作为商业使用有着先天的不足，它是一个笔直的廊道型空间，不利于营造出丰富的商业体验流线，另外，业主想充分利用内部空间的每一寸面积，希望将建筑北侧（图中朝上的方向）被异形表皮切割余下的三角形空间也利用起来。在这些外在因素的影响下，建筑平面很自然地形成了"北侧三角形辅助空间＋南侧矩形主体空间"的布局（图 3-22-a），但这显然割裂了北侧和南侧空间的联系，且南北侧之间的廊道呈现为单调的一字形，不利于形成丰富的商业流线体验。最终的处理是，利用北侧三角空间形式上的潜力：锯齿形是对廊道空间笔直单调特点的打破，将锯齿形的形式处理扩展到南侧矩形空间，将矩形锋利的边角消解掉，并将南北两侧空间在形式上统一起来；同时通过锯齿形的变体操作，形成原本笔直流线上的口袋空间，使原本单调的一字形廊道具备松紧有度的空间节奏变化，形成丰富的商业流线体验（图 3-22-b）。在整个过程中，北侧空间由辅助的角色跃升为主体构成的角色，这种"反客为主"的处理合理地实现了建筑各层空间整体的有序统一及流线上的丰富性要求（图 3-22-c）。

(3-22-a)

(3-22-b)

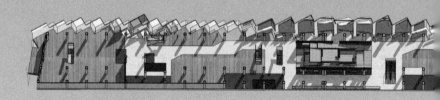

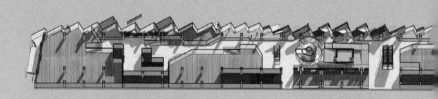

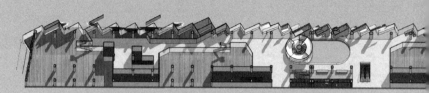

(3-22-c)

图 3-22　文创商业综合体内部平面

隐喻和转喻

　　我们经常使用词语的比喻意义，这已经是常识了，即使很小的孩子也很善于使用比喻的语言。但在很长时间内，对比喻的研究都属于文学的修辞领域，我们可以看看下面两个例句：

　　1.天空的眼睛有时照得太猛烈，他金色的容颜又经常被遮住。

　　2.当普照万物的太阳从东方抬起了火红的头，下界的眼睛都对初升的景象表示敬仰，用目光来恭候他神圣的到来。

　　句1中"天空的眼睛"指的是太阳，这是传统上比较典型的隐喻，句2中"下界的眼睛"指的是抬头看太阳的人，这是传统上比较典型的转喻。隐喻和转喻就是比喻用法的两种主要类型，可以发现，转喻中的字面意义和比喻意义之间有一种"邻接（或者说接近、邻近）"关系，反映了一个成分代表另一个成分的关系，常见的代表关系有："部分—整体"之间的代表关系、"容器—内容"之间的代表关系、"材质—物体"之间的代表关系等，比如说"下界的眼睛"中"眼睛"代表的是"人"，就是一种"部分—整体"之间的代表关系。而隐喻中字面意义和比喻意义之间是一种"相似"或"对比"的关系，更准确地说，可以把隐喻看成由三个成分构成："本体（被解释成分）""喻体（解释成分）""背景（相似或对比的基础）"，比如说"天空的眼睛"中"眼睛"指的是"太阳"，"太阳"是本体（被解释成分），"天空的眼睛"是喻体（解释成分），"形状、光在脸上或天空中的位置等" 是背景（相似或对比的基础）。

我们会发现，隐喻不仅是文学的修辞格，在我们的日常用语中也充满了各种隐喻的表达，比如：系主任 (head of department)、建筑表面 (face of a building)、飓风眼 (eye of a hurricane)。这引起了认知语言学家们的注意，麦克斯·布莱克 (Max Black) 认为：隐喻充当了 "认知工具"。隐喻不仅仅是一种利用语言手段表达思想、在风格上增加魅力的方法，而且是一种对事物进行思维的方法。莱考夫和约翰逊认为，我们不仅仅是在语言上利用了 "时间就是金钱" 这个隐喻，而且我们确实在认知上，通过 "金钱" 这个源概念，对目标概念 "时间" 进行思考和概念化，比如：

> 你在浪费（wasting）我的时间。
>
> 你能给（give）我几分钟吗？
>
> 你是怎么花（spend）你的时间的？
>
> 我们正在用完（running out）时间。
>
> 那值得（worth）你花时间吗？

这些例子中，我们确实在似乎**不属于同类**性质的概念 "时间" 和 "金钱" 之间建立了**相似关系**的联系。从认知的角度来说，我们可以把前文提到的 "本体（被解释成分）" 称为 "目标概念"，把 "喻体（解释成分）" 称为 "源概念"，把 "背景（相似或对比的基础）" 称为 "映射域"，可以通过下图直观地看到

图 3-23　隐喻映射的基本成分构成[1]

隐喻映射的原理（图 3-23）。

　　隐喻的映射域可以理解为是一套限制，这套限制决定了哪些对应关系有资格从源概念映射到目标概念上。一方面它避免了将任意一种源概念对应到目标概念上，另一方面它还激发了可以用来对应的范围。认知语言学家们认为映射域本质上反映的是我们所处世界的概念经验，并发现了它的三个主要成分：意象图式、基本相互关系、文化依赖。意象图式在前文中提到过，它是我们最基本的诸如"内""外""上""下"等身体经验，最有可能是全人类共享的。基本相互关系，则包含了"原因—结果""变化—运动""目的—目标""出现—存在"等基本空间关系以外普遍意义的关系，其普遍性跟意象图式可能一样，也是为绝大多数人所共享的。文化依赖，相对前两者来说，则没有那么广泛的适用性，可能仅限于某一特定文化的成员共享。比如"某某是一头猪"这个隐喻说法，猪 (pig) 在西方文化中可能更多理解为某某"很肮脏""很贪婪"，但在现代中国，除了"肮脏"和"贪婪"的属性外，"猪"也用于对情人的情话，有"简单""傻傻的""可爱"等属性。

　　映射域的这三个成分主要体现的是映射域的牢固程度，即一个隐喻能否被轻易地理解，这反映了一个隐喻在文化成员

1　(德) 温格瑞尔,(德) 施密特. 认知语言学导论 (第二版) [M]. 彭利贞, 许国萍, 赵微, 译. 上海: 复旦大学出版社, 2009: 132. 作者改绘

中的规约化（被认可）程度。前文中提到过的 "系主任(head of department)" "时间就是金钱" "你能给我几分钟吗？" 等日常隐喻，它们的规约化程度是相当高的，它们的映射域相当牢固，以至于在日常生活中我们说出这些话的时候甚至意识不到我们运用了隐喻的方式，这种隐喻被称为 "死隐喻"，它的规约化程度之高使得一个词的比喻意义进入了该词的词汇本身，我们运用这些隐喻的时候不会觉得有任何的意外或者不妥，它们获得了普遍理解上的合理性。如果从相似关系角度来理解，我们可以认为 "死隐喻" 中的源概念和目标概念之间有大量的相似性，换言之，"死隐喻" 的映射域中有大量的牢固属性。

但是像 "金钱是照相机镜头" 这种说法，初看我们甚至觉得它是错误的，不具备理解上的合理性，它的规约化程度是相当低的，因为 "金钱" 和 "照相机镜头" 是两个完全不同的概念，它们之间本来不存在什么自然的或已为常人所接受的相似性。但是细想一下，照相机镜头能反映出一个人的不同面貌，金钱也可以检测出一个人的品质，这二者之间是存在某种**不常用的、潜在的、尚未被认识的**相似性的，认知主体通过自己的主观创造力，发现了或者说创造了这个相似性而将两者联系了起来，从而使人们对 "金钱" 有一种新的认识，也建立了既有文化语境下一个新的联系，既让人觉得耳目一新，又觉得合乎常理。这种隐喻被称为 "新奇隐喻"。

当然，"新奇隐喻" 是会朝着 "死隐喻" 转化的。有的 "新奇隐喻" 被创造出来之后，由于被使用得很频繁，被文化成员逐步接受，它的规约化程度越来越高，而逐渐成为大家的日常经验表达而转变为"死隐喻"。比如"甲方爸爸"这个隐喻说法，在过去更多是作为一种"新奇隐喻"，而在今天它已经成为一个日常词汇表达了。这个过程实际上反映了：人们的表达方式扩展了，对事物的认知和理解拓展了，并且，由于隐喻可以在不同事物之间建立联系，这使我们通过已知物去认识未知物成为了可能。

建筑创作是基于我们的既有文化经验去创造未曾存在的事物，去创造未曾存在的操作处理方式，它是对既有建筑文化经验的拓展，它可以被视为是在已知物和未知物之间建立联系的隐喻过程。具体来说，在建筑操作中我们所熟知的形式、功能、构造、材质等内在性因素，都可以视为我们处理和操作建筑时的一种认知概念，我们通过这些概念去认识建筑并进行建筑的推敲以实现最终的建筑实体，在这个过程中这些概念也因此形成了彼此的对应关系或者说映射关系。

在这些映射关系中，我们能够通过"死隐喻"的原则去实现建筑创作中需要的合理性和清晰性。我们会通过诸如基本空间位置关系、惯常的功能形式对应处理方式等非常牢固的映射域去赋予建筑合理性，且这种映射关系越多，建筑越合理，这使建筑的形式、功能、构造、材质等因素协调地对应并统合起来，最终实现清晰性的表达。这从另一个角度也反映了，这些内在因素之间没有所谓的谁决定谁（比如形式决定功能这种简单认识）的说法，也不存在所谓的——对应和任意性关系（比如形式和功能间是任意的对应关系这种粗暴认识），它们之间

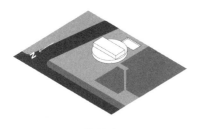

(3-24-a)   (3-24-b)

的关系是基于映射域的复杂机制的。

　　下面是笔者参与创作的一个案例，是一个售楼展示中心。这是一个改造项目，项目现状是一个两层的框架体系建筑，建筑北侧（图中朝左下角的方向）有一个大广场，东侧紧靠马路，南侧有一个水池，西侧紧靠绿地景观，建筑的二层功能是办公，首层作为展厅，需要具备很好的公共性和标志性以吸引更多人来体验。基于这些条件和诉求，"中心性"成为建筑很重要的属性，如何在这些外在因素的影响下更合理而直观地去实现"中心性"成为了核心方向。笔者做了一系列尝试，有挖空建筑首层置入一个圆形体量的处理（图 3-24-a），也有强调建筑南北向联系的首层空间下挖处理（图 3-24-b），还有向南北侧扩展建筑体量的处理（图 3-24-c），以及将建筑作为场地中两条道路交汇中心的"十字形"处理（图 3-24-d），这些处理方式在不同程度上都回应了"中心性"这个属性，但是都有着各种不合理性，有的没有很好地利用现有广场和绿地，有的建设量太大，有的超出了现有的建筑红线范围，有的跟现有建筑不能很好地融为一体。最终的向心型离散形体提案（图 3-24-e）满足了这些条件，实际上是它具有"中心性"的形体跟各种因素（建设成本、功能使用、场地利用、空间体验等）都实现了符合常规理解的映射，使"中心性"的属性得到了最大量的牢固映射域支持，也因此具备了合理性和清晰性（图 3-24-f）。

(3-24-c)

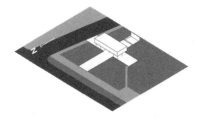

(3-24-d)

(3-24-e)

(3-24-f)

图 3-24 售楼展示中心

如果我们对合理性和清晰性进行更多考察会发现，由于不同的建筑创作过程并不一样，二者的实现过程也不尽相同。首先可以肯定的是，建筑的合理性和清晰性是通过某个强烈的概念来实现的，各种不同的建筑内在因素诸如形式、功能、材质、构造都可以统筹在这个概念下，使建筑以一种整体的清晰方式被识别。在建筑的推敲过程中，我们通常是通过形式体量关系作为主要的纽带来实现这种统筹。从"死隐喻"原则的角度来说，这个形体关系的概念需要跟建筑的各种内在因素达到一个牢固程度高的映射，或者说规约化程度高的对应关系。然而，有的项目可能从构思之初就确立了一个明确的形体概念，接下来的推敲都是去丰富这个形体的细节但不会改变其根本构成结构，形体跟各层内在因素一直保持着比较合理的关系。有的项目则相反，可能在推敲过程中因为新的不兼容现有形体关系的外在因素的加入，让最初的形体在根本结构上发生了变化。还有的项目，由于尺度过于庞大，它的推敲过程可能是好几个局部逐渐拼合成最终的建筑，在这种情况下，最终的拼合需要找到一个容纳性很强的形体概念，能够尽可能合理地对应每个拼合局部的每个建筑因素（功能、材质、体验、构造、场地等）。

下面是前文提到过的文创商业综合体项目，这个项目尺度相当大，设计周期也比较长，不同周期所做的是整个建筑的不同局部的处理，最终是通过拼合的方式实现了整个建筑。在这个过程中，建筑是以凹凸起伏的 S 形曲线元素、六边形结构、45°角斜交网格和 90°正交体系、渐变韵律等形体概念

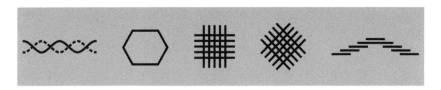

(3-25-a)

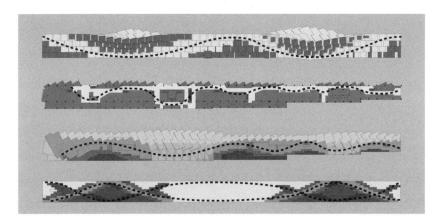

(3-25-b)

(图 3-25-a)，实现了跟功能、构造、场地、技术等各种建筑
因素的合理映射，以凹凸起伏的 S 形曲线元素为例 (图 3-25-b)，
它对应着：立面广告牌跟内部场景展示的虚实关系、建筑内部
的平面流线及店铺布局关系、屋顶景观跟下层建筑功能体量的
交接关系、首层广场的人车流线及景观布局关系等因素，是通
过这些综合的合理映射，实现了建筑整体的统合，实现了最终
表达的合理和清晰 (图 3-25-c)。

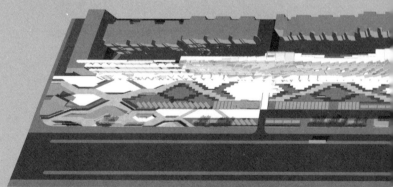

(3-25-c)

图 3-25   文创商业综合体

　　另一方面，我们能够通过"新奇隐喻"的原则去实现建筑创作中需要的独特性。我们认识到"新奇隐喻"是通过将两个本不相关联的事物对应起来，产生了对事物的新认识，换言之，它激活了事物潜在的、本来不那么凸显的属性，在建筑操作中，我们在得到合理性支持的前提下，可以创造出介于形式、功能、构造、材质等内在因素之间新的对应方式。

　　下面是笔者参与创作的一个案例，是为前文提到过的文创商业综合体中庭所创作的另一个提案，在这个提案中，建筑采用了凹凸镜像的两块曲面楼板来回应中庭空间对标志性以及三种不同空间氛围和体验的需求。从常规的角度来理解，曲面楼板在室内场景中并不多见，室内的大多数场景是人造的水平楼板，曲面楼板源于室外自然山坡的意象，室外山坡有诸多属性：起伏形体、绿植覆盖、不规则蜿蜒河流的经过、与天空对应的室外环境等，笔者对其中的"起伏形体"属性进行简化抽象，凸显了室外山坡本身不那么凸显的属性，并将其运用到室内环境中跟"中庭"对应在一起，在"室外山坡"和"室内中庭"之间建立了新的联系（图3-26-a），产生了新的对"中庭"的认识方式，呈现出一种独特的新中庭空间。这实现了标志性的需求，而同时，这个新的中庭空间合理地满足了中庭竖向上形成三种不同空间氛围和体验的需求：顶部楼层区域因为楼板下凹而形成了具有仪式感的观演空间，适合用于举行各种会员活动；中间楼层区域因为上下楼板的凹凸挤压而形成一个具有停留性、聚集性的中心缓坡空间，适合人们停留和休憩在书店静谧

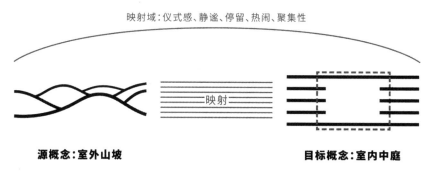

映射域：仪式感、静谧、停留、热闹、聚集性

映射

源概念：室外山坡

目标概念：室内中庭

(3-26-a)

的氛围中；底部楼层区域因为楼板上凸而形成了足够高的通高空间，适合商业空间对热闹氛围的需求（图3-26-b）。可以看到在建筑操作中，独特标志的处理方式背后的"新奇隐喻"原则：联系两个本不相关的事物，发现其相似点，激活事物潜在的、本不那么凸显的属性，形成对事物的新认识。在这个案例中，正是仪式感、静谧、停留、热闹、聚集性等潜在的相似点（映射域），使室外山坡和室内中庭这种新奇联系（隐喻）获得了合理性支持。

(3-26-b)

图 3-26　文创商业综合体中庭凹凸楼板提案

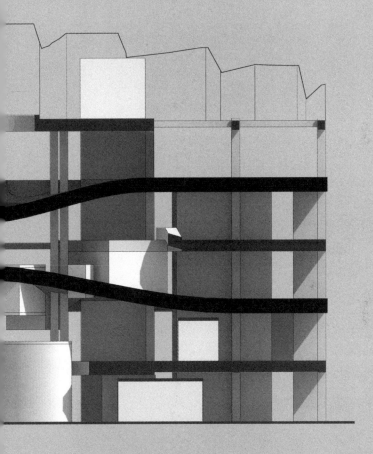

讨论完隐喻，我们接着讨论转喻。转喻像隐喻一样，同样可以理解为映射过程，不同于隐喻的是，转喻的映射域的牢靠程度更多建立在接近关系上，常常表现为 "部分—整体" 的关系，比如前文中提到过的 "眼" 代表 "人" 的例子，我们还可以举出 "眼" 代表 "手" 的例子。相对于隐喻是建立在**不同种类概念的相似性**之上，转喻更多是建立在**同类概念的接近性**之上。基于这种差异，通过将隐喻和转喻**并置**在一起，可以在建筑操作中给我们带来更多内在因素推敲所需的可能性。我们讨论过，建筑中的诸如功能、形式、空间、材质、构造、元素等内在因素可以视为描述同一个建筑的不同种类的认知概念，这些概念借由建筑形成了对应关系。这种对应关系可以视为隐喻映射的关系，当某一种概念例如建筑结构，其自身随着推敲发生变化时（转喻映射），跟它形成隐喻映射关系的建筑形式也会**联动**着产生变化，这些联动的形式变化是我们不需要对形式本身进行自主推敲而自然收获的可能性。

下面是笔者参与创作的一个概念性竞赛项目，旨在对未来机场的类型提出新的构想。这个项目的构思原理体现了转喻和隐喻的并置运用所能带来的联动可能性。笔者从功能角度对机场进行定位和分析，发现机场的三个主要组成部分：跑道区域、航站楼、地面交通系统，在跟城市的关系上有着内在的矛盾。一方面跑道区域的建设需要大量的用地面积，需要干净的空域，并且跑道区域是机场噪声产生的源头，这些都意味着机场更适合设置在地价便宜、人烟稀少、远离市中心的城市周边地区。另一方面，航站楼需要具备丰富的商业和公共功能以满足大量乘客的消费和体验需求，地面交通系统需要将城市和机场紧密地联系起来以提供到达机场的最便捷方式，这些都意味着机场需要紧靠城市中心这种具备发达商业和便捷交通的区域。因此，笔者尝试将这三个组成部分拆分开，将每个部分放到自身最合适的位置：跑道区域设置在平流层中，这里有最充裕的用地面积和最佳的飞行条件，且省去了传统机场中飞机从地面爬升到平流层所耗费的时间和燃料，同时将跑道区域对城市的负面影响降到了最低；航站楼处理成下为地面，上到平流层的巨型城市商业综合体，每 5km 设置一个，构成一个矩阵系统；地面交通系统处理成格网状的城市道路，竖向上每 500m 设置一层，组成一个立体交通体系。航站楼矩阵和立体交通体系结合起来形成一个立体的巨型框架结构体系，航站楼矩阵作为其中的竖向支撑结构、立体交通体系作为其中的横向连接结构，支撑起平流层中的跑道区域。城市就像挂在圣诞树上的礼物一样，通过"插接"的方式分布在这个立体的巨型结构体系上，这使得城市每 5km 分布的一个巨型商业综合体就是一个航站楼，具备丰富的商业和公共功能，同时城市融合在航站楼群组成的矩阵之中，跟机场紧密相连，有着最便捷的交通到达方式。这样的处理方式解决了传统机场中功能的内在矛盾，发展出一种新的机场形式类型——平流层的立体机场（图 3-27-a、3-27-b），这背后的原理是：功能跟形式形成了既有的隐喻映射关系，通过对功能因素的自主推敲（转喻映射）（图 3-27-c），激发了形式层面新的可能性（图 3-27-d）。

(3-27-a)

(3-27-b)

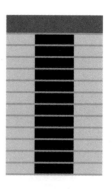

源概念：
传统机场功能关系

转喻映射

目标概念：
立体机场功能关系

(3-27-c)

图 3-27　平流层的立体机场

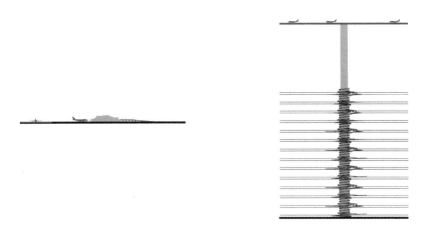

源概念:　　　　　　联动实现　　　　　目标概念:
传统机场形式　　　——————————▶　　　立体机场形式

(3-27-d)

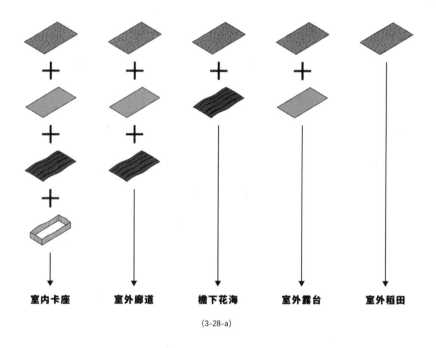

| 室内卡座 | 室外廊道 | 檐下花海 | 室外露台 | 室外稻田 |

(3-28-a)

　　前文提到过的稻田餐厅项目也有类似的操作，本案通过稻田、楼板、屋顶、立面这四种元素的 "组合关系的同类别穷举（转喻映射）"（图 3-28-a），联动实现（隐喻映射）了不同类别的建筑体验空间(图 3-28-b),形成了"空间层次"上的各种可能性：室内卡座（图 3-28-c）、室外廊道（图 3-28-d）、檐下花海(图 3-28-e)、室外露台（图 3-28-f）、室外稻田。

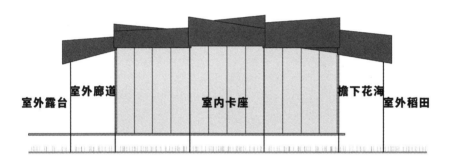

室外露台　室外廊道　　　　　　　　室内卡座　　　　　　　檐下花海　室外稻田

立面图

(3-28-b)

(3-28-c)

(3-28-d)

图 3-28 稻田餐厅空间层次

(3-28-e)

(3-28-f)

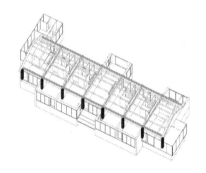 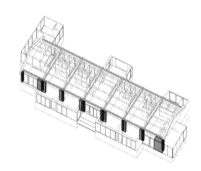

源概念：构造柱 ═══════ 转喻映射 ═══════ 目标概念：构造柱+墙垛

(3-29-a)

　　前文提到过的民宿酒店项目，其中北客房的结构和立面、空间之间的对应关系也反映了转喻和隐喻的并置运用。在最初的构思和处理中，建筑的砖墙立面都被拆除了，仅保留了构造柱，然后置入透明的玻璃幕墙作为立面处理，但在后期项目的推进中，通过建筑结构的重新核算发现，不仅构造柱需要保留下来，构造柱旁的墙垛也需要部分保留，也因此，建筑无法再呈现最初设想的全通透立面，笔者将这个意外的结构因素利用起来，在立面上重新设计了另一些类似墙垛的新隔墙，结合现有墙垛形成了一个整体的实体系统，通过对结构因素范畴本身合理的推敲（转喻映射）（图 3-29-a），给内部空间体验（图 3-29-b）以及建筑立面形式（图 3-29-c）带来了新的可能性（隐喻映射）：室内的新隔墙、衣柜等实体，为原有的卧室空间增加出一道新的空间层次——观景室（图 3-29-d）；建筑立面形成了新的虚实韵律关系（图 3-29-e）。

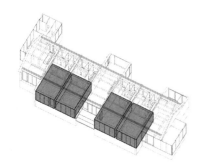 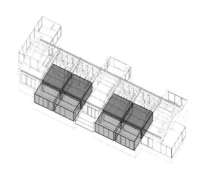

源概念：单层空间 ——联动实现——▶ **目标概念：双层空间**

(3-29-b)

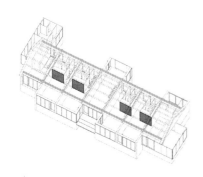 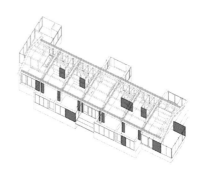

源概念：单层立面 ——联动实现——▶ **目标概念：三层立面**

(3-29-c)

(3-29-e)

图 3-29 民宿酒店北客房

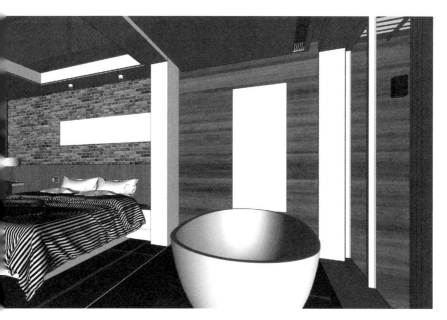

(3-29-d)

象似性

　　象似性，主要是指语言符号对现实对象的模仿，对象似性的研究并不是认知语言学家的首创。柏拉图 (Plato) 在理想国的对话中，区分了两类语言项目，一类是其形式和内容是由自然性质决定的，如 "汪汪 (bow-wow)" "布谷 (cuckoo)" 或 "扑通 (splash)"，另一类的形式与内容之间的关系是以言语社团的约定为基础的，如 "面包 (bread)" 或 "椅子 (chair)"。索绪尔接受了这种区别，他主张大多数词（或语言符号）的形式只是通过规约与它们表示的内容相联系，形式与意义的关系事实上是任意的，像 "汪汪 (bow-wow)" 这种声音象征的表达充其量也只看作例外而已。

　　但关于语言符号的这种刻板观点近来已经遭到越来越多的批评，在这种背景下，查尔斯·桑德斯·皮尔士 (Charles Sanders Peirce) 的观点复活并成为现代符号学的支柱。在皮尔士的观点中，符号被分为了三类：象征 (symbol)、指示 (index)、图像 (the icon)。只有作为 "象征" 的符号，表达的是与对象的约定俗成的关系，接近于索绪尔对任意符号的标准解释。而 "指示" 和 "图像" 都具有柏拉图所说的 "自然性质" 的特点。"指示"，主要指对于对象有指明功能的符号，比如"这里"指明空间定位，"现在" 指明时间定位，"天气风向标" 指明风向，"烟" 是火的信号。作为 "图像" 的符号，则与象似性问题的认知最相关，它表达的是与对象有一定相似性的符号，最狭义的理解就是符号对于对象而言是一种模仿的关系。

而从广义层面来理解，朗奴·兰盖克 (Ronald W. Langacker) 认为语言是基于认知和社会互动的，语言形式反映了人们对世界的认知方式。从这个角度来说，首先，语言形式是有理有据的，而不是任意的；其次，如果从认知角度来理解象似性关系，语言形式并不是像镜子一样如实反映或者模仿对象，而是和对象之间保持一种理据性的对应关系，这种对应关系是以认知为纽带的，换言之，语言形式是借由人的认知，传达出跟从现实对象那儿认知到的相似的感受。这意味着，"汪汪 (bow-wow)"不是在多大程度上模仿了现实中狗的叫声，而是这个词传达给我们的心理感受与狗叫声给我们带来的心理感受是相似的。

建筑作为一种具体的实体，它可以表达意义且有表达意义的需求，从这个层面来讲，它和语言一样具备符号的功能，如果引入象似性来讨论建筑的表义，可以发现，建筑最终的形式体量和它要表达的理念（尤其是基于形式意象的理念）之间，不是任意的对应关系，也不是一一对应的模仿关系，而是一种象似性关系，是通过相似的认知建立起联系的关系，也就是我们通常说的**通感**，是通过这种通感实现了建筑实体表义的合理性和清晰性。下面是笔者参与创作的一个案例，是一个位于稻田中的展示中心，建筑屋顶最终呈现出渐退且消弭的意象（图 3-30-a），是对其周围稻田环境意象的回应，它不是任意

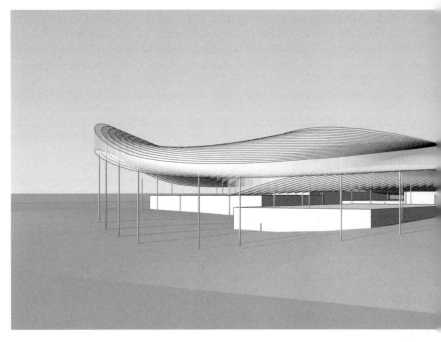

(3-30-a)

选用的建筑形式（图 3-30-b），也不是对一根根稻穗形成的田
野形式的直接模仿（图 3-30-c），更不是对稻田密集的竖线构
成意象的简单抽象（图 3-30-d），而是运用了轻质的半透明亚
克力片状物。大量片状物通过矩折的方式形成组团可以模拟类
似曲线的效果，且可以通过穿孔的方式固定在梁柱结构体系上
而"漂浮"在空中（图 3-30-e）。亚克力片是建筑中常用的材质，
矩折、穿孔固定、梁柱体系都是见的建筑建构方式，换言之，
这种片状物及其构成方式是属于建筑自身体系的，不是对其他
事物的模仿或抽象，这种建筑性的大量片状物单元组成的三维
起伏的屋顶形体，从中传达出渐退和消弭的空间感受，与稻田
传达出那种空间感受是相似的，是通过通感的方式建立了建筑
实体跟环境意象之间的关系（图 3-30-f）。

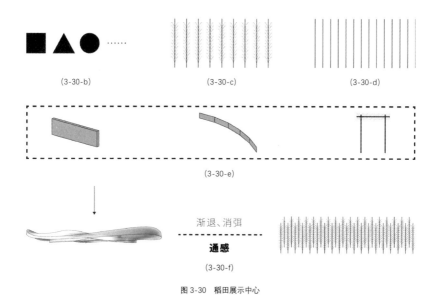

(3-30-b)　　　　　　　　(3-30-c)　　　　　　　　(3-30-d)

(3-30-e)

渐退、消弭

通感

(3-30-f)

图 3-30　稻田展示中心

结语

　　本次书写是这个课题的一个开始，是将认知语言学引入创作过程讨论的开始，因此在图解操作部分，文章的叙述框架是以认知语言学的认知机制，而不是以创作过程本身的阶段以及诉求作为基点来构建的，是通过具体案例的详细分析展开了对创作过程阶段和诉求的讨论。笔者相信，不同的叙述方式会产生不同的具体观点，也因此，在今后课题的深入中，笔者会尝试以创作过程本身的阶段和诉求为基点展开讨论，以获得更系统的观点和结论。

　　关于认知语言学的认知机制，笔者主要引入了一些目前发现跟创作过程中的认知关联性很高的部分，由于这些机制密切关系到创作过程中思维方式的理解，在今后课题的深入中，笔者将对这些机制进行更为详尽的考察，同时也会对认知语言学的其他理论进行更深入地研究。

　　总体来说，这次书写通过引入认知语言学的视角来考察建筑创作的过程，还原和探索了一些真相，产生了一些新的理解，这其中涉及了建筑创作过程中的思维认知方式，也涉及了关于建筑本身的一些经典问题，在这里整理下这些关于建筑本身问题的理解。

　　首先是建筑实体，也就是具体对象的重要性。建筑最终是以实体的方式存在于这个世界的，这是我们能够去认知和体验它的前提，所有的创作理念最终是以实体的方式传达的，是实体统筹了那些概念和理念，它是复杂意义的载体。在创作的过程中，建筑的形式、功能、材质、结构作为建筑的一种抽象概念，只有以某种具体直观的方式呈现出来后，我们才能够去操作和思考它们，是具体对象和抽象概念之间不断地互相转换给我们带来了不断认知和构思的可能性。

其次是关于建筑的形式、空间、功能、使用、材质、结构、构造等内在因素的理解。我们曾经有过功能决定形式或是形式决定功能的论战，也有过功能跟形式之间是任意对应关系的观点，在前文创作过程的分析中我们可以发现，这些因素只是我们理解和操作建筑的一种方式，它们可以以具体的方式呈现出来，但它们从来就不是建筑实体本身，更谈不上是建筑的所谓本质。它们借由建筑实体形成了对应关系，彼此是平等的，这种对应关系中也没有所谓的谁决定谁的关系，也没有一一对应或是任意对应的关系，它们的对应方式受到了固有的建筑文化语境的影响，受到了具体建筑条件的影响，还受到了创作者主观创造力的影响。它们成立的前提是自身的自主，比如说建筑的形式要成立，首先它需要遵循形式本身的秩序和原则，而不是其他因素赋予它的意义，但同时，其他因素给形式带来的限制或影响使这个形式具备了合理性和独特性，使它区别于一般意义的形式，并且由于形式跟其他因素是关联对应的，其他因素的推敲也激发了形式推敲的可能性。

第三是关于建筑实体的表义。通过前文中对隐喻的讨论，我们知道不同的事物之间是关联的，是具有相似性的，因此建筑实体必然是表义的，不存在所谓的中立的、中性的建筑。通过象似性的讨论我们了解到，表达物和被表达物之间是通过通感的方式建立的关系，并不是直接模仿或是通过纯粹抽象理念去联系的，关于这一点还可以进一步讨论。

为什么不能是直接模仿？原型范畴和基本层次范畴机制告诉我们，事物需要拥有它识别层面的自主，建筑最后呈现出来，它在识别上需要是一个建筑，而不是其他别的东西。我们所熟知的北京天子大酒店、昆山巴城蟹文化馆、白洋淀金螯馆等象形建筑正是这样的反例，一方面，对于其他事物造型的直接模仿以及自身作为建筑的定位，这些建筑在功能使用上和结构实现上极其不合理；另一方面，这些建筑从识别上更像是巨型的雕塑，一个表达建筑含义的雕塑，而不是一个表达雕塑含义的建筑，从识别和表义的关系来说，这是一种本末倒置。

为什么不是通过纯粹抽象理念去建立联系？基于对建筑实体的强调，我们能够发现建筑是需要发挥五感去体验和互动的具体对象，它不是一种纯粹的抽象理念，建筑表义的实现是通过具体实体的认知而不是抽象隐晦的理念的告知，换言之，当建筑表达某种理念含义时，应该是人们自身去体验建筑时感受到的，而不是创作者或是评论家告诉他们的。当然这其中可能会有一些质疑的声音，如何保证不同的人对同一个事物有相似的认知？如何保证受众能够把握创作者的理念？不同的人当然有自己独特的理解和认知，但在前文中我们讨论过

"左""右"等意象图式,"原因—结果""变化—运动""目标""出现—存在"等基本相互关系，以及原型范畴和基次范畴中信息凸显的识别问题，这些机制反映了人类共享了某些认知方式，使在足够大的相同文化语境下的不同的人拥有对事物相似的认知，比如一把椅子，绝大多数人看到后的第一认识就是"椅子"。

书写的最后部分，是关于未来在建筑创作的研究方向上的思考。首先，前文中提到过，建筑实体是复杂意义的载体，它统筹了形式、空间、功能、使用、材质、结构、构造等建筑因素，它也可以看成是这些因素以特定方式对应后形成的结果。我们所熟知的勒·柯布西耶的多米诺系统 (Domino)、密斯·凡·德·罗的流动空间 (Flowing Space)、彼得·埃森曼的纸板住宅、扎哈·哈迪德 (Zaha Hadid) 的 89 度空间 (The World 89 Degrees)、妹岛和世和西泽立卫的蛇形画廊 (Serpentine Gallery Pavilion 2009) 等建筑创新，都可以看作是对这些建筑因素固有对应方式的打破，它们找到了新奇独特的映射关系，这使建筑中新的基本层次范畴产生了，即建筑原型的创新，笔者希望在这个层面寻找到新的建筑因素映射关系，去探索新的建筑原型。其次，原型范畴理论中很重要的是信息凸显和识别的问题，建筑原型也一样，作为一种普遍使用的意象，它在我们的心理识别上有很显著的位置，它满足了某种形式认知上的秩序，使它区别于其他意象形成独特的印象。通过对过去经典建筑形式的简单考察，我们可以发现诸如柏拉图几何形、体量穿插、动势、韵律等形式原则的广泛运用，它们或满足了基本意象图式，或满足了完形原则，或满足了认知经济性原则，笔者希望在这个层面去发现能够满足认知识别的新形式以及新的认知原则。

参考文献

[1] （美）埃森曼．现代建筑的形式基础 [M].罗旋，安太然，贾若，译．上海：同济大学出版社，2018.

[2] （美）埃森曼．建筑经典：1950 ~ 2000 [M].范路，陈洁，王靖，译．北京：商务印书馆，2015.

[3] （美）埃森曼．彼得·埃森曼：图解日志 [M].陈欣欣，何捷，译．北京：中国建筑工业出版社，2004.

[4] （美）文丘里．建筑的复杂性与矛盾性 [M].周卜颐，译．北京：知识产权出版社，中国水利水电出版社，2011.

[5] （意）罗西．城市建筑学 [M].黄士钧，译．北京：中国建筑工业出版社，2006.

[6] （美）罗、（美）斯拉茨基．透明性 [M].金秋野、王又佳，译．北京：中国建筑工业出版社，2007.

[7] （挪）诺伯·舒兹．场所精神：迈向建筑现象学 [M].施值明，译．武汉：华中科技大学出版社，2010.

[8] （美）茅尔格里夫．建筑师的大脑：神经科学、创造性和建筑学 [M].张新，夏文红，译．北京：电子工业出版社，2011.

[9] （德）温格瑞尔，（德）施密特．认知语言学导论（第二版）[M].彭利贞，许国萍，赵微，译．上海：复旦大学出版社，2009.

[10] 王寅．认知语言学 [M].上海：上海外语教育出版社，2006.

[11] （瑞士）索绪尔．普通语言学教程 [M].刘丽，译．北京：中国社会科学出版社，2009.

[12] （美）莱考夫、（美）约翰逊．我们赖以生存的隐喻 [M].何文忠，译．杭州：浙江大学出版社，2015.

[13] （美）莱考夫、（美）约翰逊．肉身哲学：亲身心智及其向西方思想的挑战 [M].李葆嘉，孙晓霞，司联合，殷红伶，刘林，译．北京：世界图书出版公司，2018.

[14] Koolhaas R. Elements [M]. Venice: Marsilio, 2014.

下篇

探索与发现

建筑的非线性叙事实验

课题关键词：**跳切**

只有一个享有特权的人（建筑师）可以自由地去调动并掌控空间和时间，而使用者的体验，在时间和空间层面是受到限制的[1]

——隈研吾

常规的电影叙事和空间的序列都是线性的。随着多元化时代的到来以及市场对叙事方式的差异化需求，一些前卫、新颖的非线性叙事形式，逐渐在小说和电影中出现。一些新派的导演（如克里斯托弗·诺兰等）更是利用跳切的手法，营造出一种另类但却更贴近于主观感受的电影体验。我们今天生活的空间正在经历剧烈的变动——这是一个工作与生活、不同行业、现实与虚拟之间的边界不断模糊的时代。而建筑空间的边界（内与外、前与后、层与层、房间与走廊等关系）却仍然非常明显。如果用叙事结构的角度去审视建筑空间的设计，则可以发现建筑空间之中其实有很多既定并且被默认的空间序列（教堂、园林、交通枢纽、酒店等）。因此本文希望探讨的是 —— 是否可以通过研习并萃取电影行业的非线性叙事手法，从而获得并摸索出打破空间的线性秩序的灵感与可能性。

1　Kuma K. Anti-Object[M]. London: Architectural Association Publication, 2008: 110.

跳切（JUMP CUT）艺术与建筑空间

非线性电影以及空间的探索

甘力

什么是跳切？

错误中的意外发现

跳切，是一种电影拍摄的手法，或可理解为一种呈现的效果。在早期的电影拍摄年代，跳切被普遍认定为一种拍摄的失误所造成的效果。

人类的肉眼每秒钟能够捕捉的帧数是 24 帧／秒，而电影业初期最先进的技术，只能达到每秒 7 帧。因此，当同一个对象的动作 (motion) 被同一个或者两个非常相似的镜头拍摄下来的时候，就会产生一种 "跳帧" 和 "快进"，甚至是片段和片段之间出现 **"断裂" 的错觉**（图 4-1）。

电影行业的萌芽时期，跳切被视为一种必须要避免的现象。那个时候电影刚刚出现，而电影和连环画最大的差别就是电影在观看的时候，给人的感官必须是连贯流畅的动画。因此，导演都会极力追求拍出连贯的电影镜头，同时会用各式各样的方法去避免跳切的发生。比如最简单的方法是，在拍摄一个移动对象的同时不断移动镜头，这样观众在看这段片段的时候，虽然画面本身可能是不连贯的，但由于镜头在不断切换，因此人物本身动作的不连贯则不会特别明显，从而弱化跳切的效果。

图 4-1　一系列连续的图片显示一个人跳跃并落地的动作，如果这 10 张图能在 0.5 秒内播放，那么在人的眼睛看来就会是一个连贯的动画；而如果 10 张图用更长的时间（比如 1 秒以上）播放，那么效果则会呈现出明显的断裂感

　　随着电影技术的发展以及拍摄帧数的逐步递增，跳切作为一种"毛病"已经完全可以避免了，制片人不需要再为画面的不连贯而烦恼。但一些先知先觉的电影人却发现，跳切带来的跳跃和断裂效果，可以用来表现很多连贯性镜头无法表现的事物，或者某种**"另类的真实现象"**——比如混乱不堪的场面，或者时间的飞速流逝等。

　　在跳切被作为剪辑和拍摄手法的初期阶段，制作者对跳切的运用往往停留在比较外在的、视觉层面上的表现。

　　比如一个角色非常急迫地在房间中寻找某个物件的一段镜头，如果用普通的手法拍摄容易像在看监控录像，非常枯燥和乏味。这个时候，如果用跳切手法中的"侦探效应"(Investigation Effect)[1]，则可以非常形象地在极短的时间内，栩栩如生地描绘出一个翻箱倒柜的场面。

　　"侦探效应"在日本动漫的制作技巧中非常常见，在一个静态不动的房间背景中，主人公在左下角翻东西，然后下一秒就跳到画面的其他角落干其他事情，这种表现手法能够很有效地**"加快时间的流逝"**，同时也让观众在短时间内能感受到角色当时心中的迫切感。

[1]　关于跳切的定义参见 The Jump Cut [EB/OL]. www.mediacollege.com/video/editing/transition/jump-cut.html.

逐渐演变成影视的表现形式

随着导演对跳切运用和把控程度的日益成熟，它逐渐成为一种艺术化的表现手段。

在《偷抢拐骗》(Snatch) 的电影中，电影开篇打劫银行的片段就是一段非常典型的跳切案例。片段中描绘的内容极其简单——讲的是四个劫匪冲进一家私人的金库抢东西的故事。

跳切的序列从四个人进门之后启动，他们各自分工，匪徒 01 去搜刮珠宝，匪徒 02（主角）沿途捣乱并在这一幕结束前冲到金库经理面前向其进行逼问，匪徒 03 和 04 则分方向去威慑其他银行员工（图 4-2、图 4-3）。

换作是一般的抢劫银行片段，拍摄出来的效果可能更像是从一个监控摄像头所看到的画面。因为镜头不会像一个正常人那样去恐惧、躲藏或是逃跑，所以它会以一个纹丝不动的**"观察者"的姿态**去记录并展示抢劫片段中的一切，但它却不会去参与。每个匪徒的片段会被逐个播放，镜头会井然有序地跟踪每一个歹徒的行踪。但这样的拍摄手法就真的合理吗？我们是否应该反思，**我们为什么会用如此"充满理智"的表现形式去描绘一件本身是极度疯狂的事情？**

《偷抢拐骗》的导演为了彰显打劫场面应有的混乱，镜头其实是在四个劫匪的动态运动中连续频繁地来回切换的，先后顺序也有一定的置换，然而最后达到的效果就是让人感到一

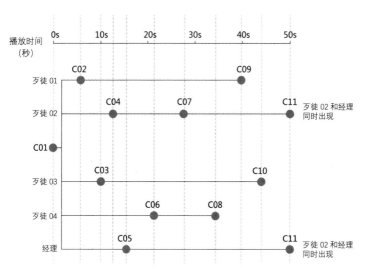

图 4-2 《偷抢拐骗》开头片段分镜头分析

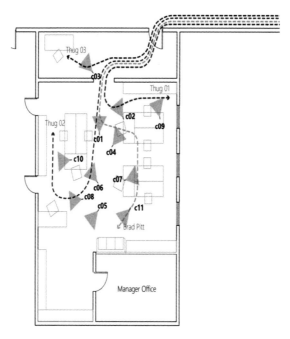

图 4-3 劫匪路线平面图还原

片混乱，速度非常非常快，30 多秒的镜头感觉瞬间就过去了，这时观众的视觉感受和当事人的感受会是非常相似的 ——发生了什么事情？我是谁？我到底在哪里？而这，不才是一个正常人在现实中被抢劫时应有的感觉和反应吗？

从表现到叙事方式，到升华成为一门有关时间的艺术

2000 年由克里斯托弗·诺兰 (Christopher Nolan) 导演的《记忆碎片》(Momento) 属于跳切类电影的一个分水岭：在《记忆碎片》之前，跳切的使用还停留在形而上的层面——比如让·吕克·戈达尔 (Jean-Luc Godard) 导演的《精疲力尽》(A Bout de Souffle)，以及盖·里奇 (Guy Ritchie) 导演的《偷抢拐骗》，这种类型的作品让电影制作人可以更加生动地进行表现，但却没有改变电影作品的内在叙事本质。而《记忆碎片》的出现和成功则触发了一系列事件：

1. 跳切作为一种手法之前都是用于描述和表现某种场景，而记忆碎片则将其作为拼接整部电影基础叙事构架的逻辑。

2. 开发了一种新的观众需求，自此之后，电影界发现原来非线性叙事能够带来非常别致的叙事效果，同时，通过这部电影发掘了新的叙事结构，这种结构在《记忆碎片》诞生的年代开始被大众接受，而在《盗梦空间》(Inception) 之后逐渐变成一种市场需求。

3. 通过在《记忆碎片》中的成功实践，诺兰在《盗梦空间》这部电影中对非线性叙事进行了更大规模的探索，成功地将非线性叙事引入了商业作品中。《盗梦空间》之后，跳切手法已经彻底被大荧幕市场所接受，并且大量的新影视作品都开始选择它来呈现一种非线性的世界观，甚至可以说它已经成为**影视叙事的"新主流"**。

后来上映的《降临》(*Arrival*)、《敦刻尔克》(*Dunkirk*) 和《西部世界》(*Westworld*)，它们别出心裁的叙事方式让部分观众获得了比一般电影更深层次的愉悦感。但部分国内的观众看完后则是似懂非懂，甚至会被它的非线性逻辑搞得思绪紊乱。这是因为西方的艺术教育中有抽象性和套层思维的培养，欧美的观众很快就能读取并接纳导演的非线性逻辑架构。而相比之下，这些电影作品的精髓可能并不能完全被部分国内观众体验到。

另外，建筑设计的概念，可以和建筑本身无关。**而那些从离建筑行业比较远的学科借鉴来的灵感，往往对建筑设计的启发更有意义。**

因此，本文希望通过对这些较为晦涩的电影进行剖析，从而达到两个目的：①通过对电影本身进行剖析，进而帮助自己以及读者对电影背后的逻辑获得更加深刻的理解；②对其中巧妙的手法进行借鉴，并将其转化为一种审视事物的工具，对它们所使用的剪辑手法进行研习，并通过吸收和转化其中的智慧，为建筑设计提供一种**另辟蹊径的思考角度**。

为什么要跳切

电影叙事形式的突破以及带来的可能性

如上所述，跳切的诞生其实是某种意外，正如大部分人类的创新一样，跳切应该是一种本不该有的、偏离原有意图的拍摄"失误"，但却被发掘成为一种非常有趣的拍摄表现手法，并逐渐发展成一种**电影的构建逻辑**以及**叙事方式**。

自 2000 年《盗梦空间》上映之后，逐渐与观众形成了一种正向循环——第一次看跳切的电影，我们的观影体验会感到非常陌生和迷失。但只要越过最基本的认知门槛，能够理解跳切作品的逻辑并逐渐习惯后，再回过头去看线性的影视作品，则反而会发现它们相对单调，也失去许多别样的乐趣。比如，《西部世界》第一季，在最后一幕，当两条交叠的时间线终于拼合在一起，当年轻的威廉 (William) 转变为黑衣人时，当悬挂在观众脑海中的疑团终于落地，当电影各种破碎情节的"拼图"终于通过最后一块"基石 (corner stone)"而在瞬间完成一部完整的作品时，那一刻的震撼是无与伦比的，这样的观感也是一部线性的叙事作品很难带给我们的。

当然，跳切和非线性叙事能够逐渐进入主流，很大程度上也受益于**社会逐渐多元化**这个大趋势。过滤气泡效应的逐步放大导致社会越来越趋向于"再部落化"，也导致人们对个性化的追求——而这种个性化，理所当然地也应该包括**叙事方式的个性化**。

下面将会通过几个经典的电影案例，对电影中的跳切现象，进行更为详尽的分析。

《记忆碎片》——一部小而巧的剪辑电影

诺兰的《记忆碎片》第一次尝试用"跳切"作为一种剪辑手法，去拼凑整部电影的情节和叙事构架。

在电影中，男主人公因为遭遇了一次意外的袭击，脑部受到损伤，导致他丧失了所有的长期记忆，而且他的短期记忆只有五分钟。但在他脑中唯一幸存的一条长期记忆是袭击者在某个夜晚闯入他的家中并谋杀了他的妻子，因此他要复仇。

导演结合故事情节，将电影故事情节剪辑成四十多个五分钟的时间碎片，然后通过两条时间线的穿插叙述将故事演绎得悬念丛生，趣味十足。

《记忆碎片》的"制作"采用了多种剪辑手法，呈现了一种全新的电影理念。第一种手法是**顺序对冲** (opposing motion)。黑白的时间线是顺着故事时间走的，而彩色的时间线则是倒叙的，由于两条时间线是穿插放映的，从而形成一种强烈的对冲感，让观众的大脑第一时间感到极不适应，但同时应运而生的是一股莫名但极度强烈的好奇心（图 4-4）。

第二种是**场景和取景的重复** (repetitive scenes & framing)，同一个关键的物件和场景多次以极度相似的方式出现，其作用就是混淆视听，让两个在故事时间线上差得很远的事件在脑海里构成原本没有的关联。

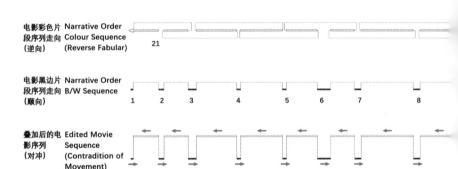

图 4-4　《记忆碎片》中"顺序对冲"手法的分析,蓝色色块和黑色色块分别代表了逆向情节和正向情节播放的电影片段,
色块的长短比例与电影的时长成正比

　　　　第三种是**情节循环（looping）**，在将原有的故事剪切成许
多 5 分钟 "碎片" 之后，发现某些碎片在置换顺序之后其实
也是完全能读通的，比如电影彩色部分片段 13 和 14。13 段
的内容主角从某张床上醒来，自己孤身一人，几经辗转后去
了女主角的家。接着到 14 段，然后两人一起入眠。这样播
放顺理成章，但是毫无悬念。那么当我们反过来播，先播 14
段，一起进入睡眠，然后跳切到 13 段，男主突然在某张床上
醒来，自己孤身一人，因为对未知的恐惧，所以几经辗转……
（由于还没看见 12 段，所以观众会和主角感到同样的茫然和无
所适从）。

　　　　上述的手法也可以被描述为一种**通过情景的关联性去拼接
故事情节**，相比传统线性叙事手法，这是一种更具带入能力的
方法。

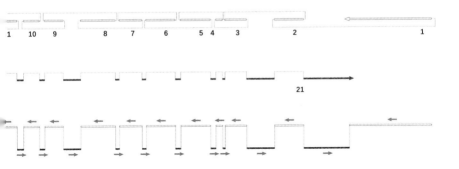

　　传统电影中，故事在 05:00 分钟发生的事，可能与 47:00 发生的某件事情有叙事关联。这个时候如果需要在观众脑海中建立这两个片段的关联性只有两个办法：①在角色的对话中用语言的方式描述；②直接用黑白的画面闪回到 05:00 的片段。而相比之下，记忆碎片**用跳切的手法，直接将大量相关联的片段进行连接和拼凑**，达到的效果则比传统的两种手法直观得多（图 4-5）。

　　在这部电影中，跳切反映了观看者对时间的主观感知，是一种更加艺术化的表达手法，它不改变故事本身，但会改变体验故事的角度。这部电影本身的内容极其平淡无奇，就是一部美国小镇的犯罪电影，而通过巧妙的手法，摇身一变，成了一部盘根错节、疑点重重并充满悬念的个人复仇记。诺兰通过《记忆碎片》，向大众第一次展示了"跳切"这种手法的魅力。

编辑前的线性序列

Chronological Sequence before Editing

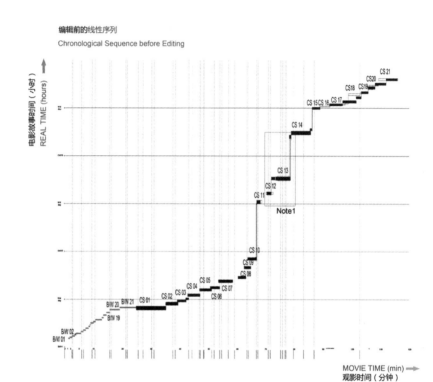

图 4-5　《记忆碎片》中叙事结构的分析，左图为线性叙事，右图为非线性叙事。两张图的横轴是观众观影的时间，即电影播放的顺序，而纵轴是故事情节的时间线。可以看到线性叙事的故事时间是顺着观影时间往上走的，而在记忆碎片的序列中，我们的观影时间会在故事情节的最开头和最后之间来回穿梭

编辑后的非线性序列
Edited Movie Order + Jump cut Sequence Structure

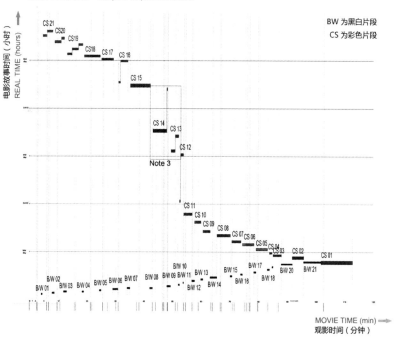

BW 为黑白片段
CS 为彩色片段

《盗梦空间》——跳切技艺进一步成熟并走向大众

　　《盗梦空间》是一部让跳切这种技巧走出小众关注范围，成功奠定其在商业银幕地位的电影。在其之后，跳切不再是一种高不可攀的艺术，而成为可以应用在各种大制作中的拍摄、剪辑和叙事的方法。

　　电影通过跳切，让观众的观影顺序不停地在不同的"梦境"层里面来回穿梭，尤其是高潮的部分，层和层之间的切换变得更加密集和频繁，在不断的过程中让人感到了一种紧迫感，而同时也非常巧妙地呼应了故事的情节。直至今天，笔者依然清晰地记得当时男主角和女建筑师在梦境实验中，折叠城市的那一幕所带来的观影震撼。

　　梦境在电影中分为**五个层**，基于诺兰在电影中一些对梦境的基础设定，加上故事情节的驱动，不同的梦境层之间有各种牵涉性的联系：

　　现实层——团队在飞往洛杉矶的**飞机上**遇到了需要被"植梦"的富二代——费舍尔 (Fisher)。对其用药并使其昏睡后，团队与目标人物一起进入了第一层梦境。

　　第一层梦境——在一个**城市的场景里**，由于费舍尔的潜意识都经过训练，所以梦境中出现了武装抵抗的卫兵。此层场景主要出现了大量的枪战和追车片段。

　　第二层梦境——在一个**酒店内部**，由于受到上一层梦境翻车的影响，出现了影片中最让人记忆深刻的旋转走廊打斗场景。

　　第三层梦境——在**雪地堡垒**的战斗，由于受到第一层的坠桥事件的影响，出现了雪崩。

　　混乱层——意识的**边缘地带**，人在此地极容易失去对现实的把控，从而迷失自我。

　　由于团队需要从各层中苏醒回到现实，故事巧妙地设计了**"堕落 (Kick)"**的情节。通过跳楼、电梯跌落和汽车坠桥等方式，形成了各层联动的丰富视觉效果。尤其是**面包车慢镜头坠桥**，快要跌落水面的那一刻，通过跳切配合最基本的慢镜头拍摄方式，将这一段时间极大程度地延长。而这样做营造出来的紧迫感，那种时间被放慢甚至被静止的氛围，正是对故事情节的呼应，完美地呈现了不同梦境的时间差。而这辆面包车，就像一把悬在头上的利剑一般，在它落水之前，观众的注意力都会凝聚在荧幕上，丝毫不敢松懈（图 4-6）。

　　一般的动作片会通过千军万马的冲锋或爆破来吸引人的眼球；爱情片则通过动人的台词和演员的面部表情特写，来煽动观看者的情绪；而《盗梦空间》，则是通过跳切，将时间放慢和变快，去扣住观众的心弦。

　　人的梦境是脑科学领域一直在探讨的一个话题，或许它的形成以及运作的方式我们今天还没有一个确切的科学认知，但是诺兰通过跳切的手法，生动地演绎了他对梦境的理解和认知。在此，跳切的手法之所以奏效（能出效果），很大程度是因为我们的**梦境的确不是线性的**，因此《盗梦空间》这部电影所诠释出来的梦境比以往的电影都**更接近我们对梦境的真实感受**。

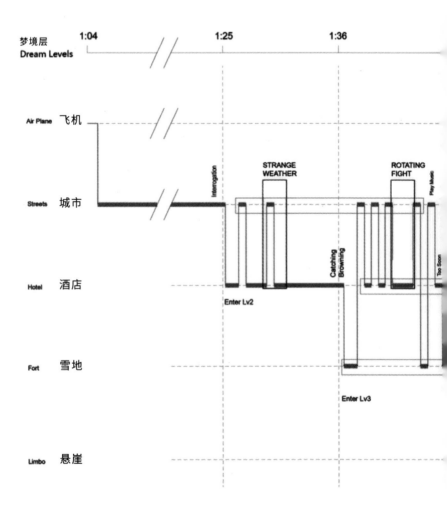

图 4-6 《盗梦空间》中电影镜头和叙事角度在不同的梦境层中来回切换，接近高潮的部分，切换的频率会逐渐递增，营造紧迫感和时间逐渐在变慢的效果

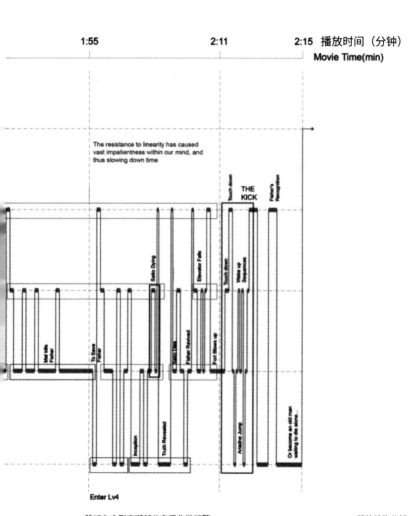

1:55　　　　　　　**2:11**　　　　**2:15** 播放时间（分钟）
Movie Time(min)

The resistance to linearity has caused vast impatientness within our mind, and thus slowing down time

THE KICK

Touch down

Fisher's Recognition

Salto Dying

Elevator Falls

Touch down

Wake up Sequences

Mal kills Fisher

To Save Fisher

Saito Dies

Fisher Revived

Fort Blows up

Inception

Truth Revealed

Ariadne Jump

Or become an old man waiting to die alone.

Enter Lv4

跳切在电影高潮部分变得非常频繁

Jump cut becomes intensify towards the peak of the movie.

碎片结构分析

Fragmentation Analysis

　　《盗梦空间》之后，非线性以及跳切的叙事手法彻底地被市场所接受，因此随后涌现了大量的利用跳切作为主导叙事手法的影视作品，比较典型如《降临》《西部世界》《敦刻尔克》等。

《降临》——跳切彻底走向大荧幕

　　电影《降临》的故事用跳切的叙事和表现手法描述了一个人的一生。电影的情节假设外星的语言能够开启人类大脑在空间和时间中跳切的能力，肉体虽然被禁锢在某个时间段里，但是精神可以根据需要，自由地在过去当下和未来之间切换。

　　和《记忆碎片》完全不同的是，《降临》的跳切是隐秘的。可以说电影的导演真正的动机是隐匿的，随着情节的逐步展开，它才慢慢让你开始产生怀疑，直到电影的高潮和结尾部分才让你恍然大悟。

　　电影刚开始所呈现的女主人公和其女儿短暂的一生本来是属于典型的倒叙，但由于导演对镜头及片段的巧妙安排，此时的观众却完全没有察觉到开头这一段是倒叙。观众以为这就是主要情节发生之前的一段对于女主人公的背景简介而已。

　　第一次跳切出现在影片的 58 分左右（这部电影的跳切并没有像《盗梦空间》那样开门见山，而是一步一步通过情景的推进逐渐衍生出来的），一些属于"未来"和"过去"的事件都通过**"闪回"**(flashbacks) 的方式切入到当下的镜头之中。

　　线性思维的电影都需要明确的开头和结尾，而跳切逻辑的

电影则打破这一常规的束缚，让本来从 A 到 B 的线性故事可以头尾连接，形成一种循环。导演只需要在循环的某个合适的切入点开始讲述内容就可以了（图 4-7）。就像《盗梦空间》中提到的，梦都是在某种事件的过程中开始的，从来没有我们能够意识到的开头和结尾。

在电影故事的中段（在我们观看顺序的末端），女主人公意识到了她的丈夫将在 12 年后因为外遇离开她，但是却依然坦然地接受了他的表白并做出了自己将要做出的选择。

这种悲悯的心境以及在命运面前的无奈，在传统的线性情节的电影中，也只能靠电影的场景氛围的渲染、背景音乐和演员的演技去表现。而在《降临》这部电影中，则增加了一个维度，就是剪辑的技巧——因为跳切的手法让观众能够切身地感受到女主人公所在的处境，所以不需要过多宏大的修饰，也能彰显出在轮回面前，女主人公内心的纠葛。

在怀沙的科幻解读栏目里，对特德·姜（Ted Chiang）的小说《你一生的故事》（Stories Your Life）进行了解读。怀沙在栏目中抛出了两个非常发人深省的观点。

第一个观点是**语言结构的问题**——我们的语言不可避免地带有先后的顺序性，这意味着时间的元素在我们的语言中是客观存在的。人类几乎所有的语言都离不开最简单的**主谓宾结构**，而这种句式是必须有一个发出者和接收者，句子的结构则默认了两者之间在时间线上的先后顺序。但是在小说中特德·姜大胆构想了一种完全和我们的语序截然不同的**"层叠式"结构**（怀

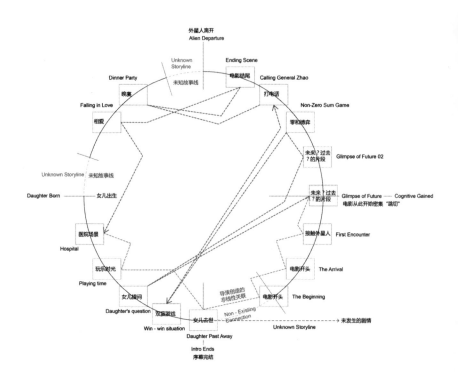

图 4-7 《降临》电影故事叙事结构分析，蓝色线代表了电影前半段的线性播放部分的顺序，紫色线代表了从女主人公获得了 "非线性" 时间能力后跳切的播放次序。导演通过巧妙的剪辑方式形成了一个 "时间顺序的闭环"，看完电影后似乎找不到哪里是开始哪里是结尾。其实 "魔术" 的关键就在于电影一开始，导演巧妙地让女儿去世的一幕和一切发生之前，女主人公年轻时的一个早晨的镜头连接了起来（图片中红色字体的地方），让人顺其自然地以为这两个场景是具有前后关系的，但其实这两个片段之间是一种 "回溯" 关系

沙将其称为"汉堡包"结构），就是一句话，一篇文章，甚至一篇小说的内容不会因为它内容的多少而改变其语言载体的长短，变更的只有复杂程度。也就是说，一篇长篇小说和一个单词，在这个另类维度的生物语言中，都是可以在统一长度（1 秒甚至是无限接近于 0 的时长）内被有效传递出去的。

第二个脑洞是基于语言的结构而进一步发散思考出来的——即时间维度的差异性。我们对时间的感知可能并不是宇宙中的"唯一真理"。在文字和语言的基础上进一步思考，**我们的人生和我们的语言一样，也是线性的**。那么基于第一个脑洞的逻辑，是否可能存在另外一种世界观，可以将一个人一辈子的故事，高密度地浓缩在极短的瞬间同时经历？比如，可否在一瞬间同时上学、毕业、结婚和抱孙子——同时经历所有的人生百态（图 4-8）。

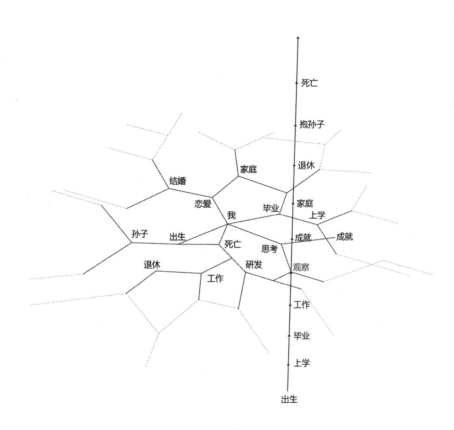

图 4-8 《你一生的故事》中人类线性生命观和外星人非线性生命观的对比分析图

理解时间新角度

《你一生的故事》这部小说颠覆了常规文本的范式，更重要的是它开启了一种对**时间的新的理解**。无论是电影场景所塑造的 "虚拟空间"，还是存在于现实中的物理空间，如果离开了时间，它们在我们的认知当中都是不存在的——我们是通过时间（速度）去认识 / 感应到空间的。在电影中，时间推动情节从而生成我们脑海中的空间；而在现实中，我们通过自身身体的移动感知到空间的存在。

时间的定义是什么？在客观相互交流的层面上，我们通常对时间的理解是线性的，即两点一线，从某一端到另一端。但是在思想主观的意识当中，比如大脑在回忆某件往事时，往往不是从开始到结尾线性地去思考问题。

想象我们回忆的长河其实就像一条高低起伏的波浪线——从左到右是时间的顺序，处在其中 "波峰" 的区域是那些我们印象比较深刻的经历，而处在低谷的区域就是那些被我们的记忆，由于各种原因所抛弃在脑海深处的过往——而脑海的海平面是比较高的，能够浮现在其之上的，往往都是那些非常难忘的故事。当回忆往事的时候，我们追溯过往的信息并不是从左到右，而是从上到下的；而当我们挖掘一个被忘却的细节时，追踪的路径往往是先 "落" 到一个浮在海面的 "记忆孤岛" 上，然后顺着 "山脉" 进行潜水。而这种搜寻记忆的方式，就是一种跳切，它和后面提到的几部电影中使用的剪辑方式，有异曲同工之妙。

　　跳切对时间的理解更加遵循主观潜意识的逻辑。线性的角度对时间的理解有点像进度条，从 0 开始逐渐填满，未填满的部分是即将要发生的未来。跳切思维更加趋近于灯塔式的认知（即灯照不到的地方摸索前行），而不是镜式的认知（即一目了然）。

　　它有点像一个扫雷游戏的棋盘，过去、现在和未来能够根据生活中的线索跳跃空间和时间本身的限制逐渐涌现出来。**跳切思维是一种与线性思维不同的世界观。**在线性思维中过去都是已知，当下是已知，未来是未知。在跳切思维中，过去、现在、未来没有差别，我们应该可以站在过去的角度看未来，也可以置身于未来之中回望当下，过去、现在和未来之间并不存在明显的边界。

建筑空间中的线性叙事

　　在前述中通过一系列案例说明，电影界是如何通过跳切和非线性叙事的应用，打开了一片全新的广阔疆域的。

　　那么，有没有一种特定的思考角度，可以让我们去借鉴和萃取，用跳切这个已经在电影行业中相当成熟的叙事手法作为一种衡量工具，去反思建筑空间中的"序列和内容"，从而颠覆和拓展我们今天对空间的一些**既定范式和边界——建筑空间是否也存在固有的线性叙事？**如果有，它以什么样的形式存在？下面将围绕这个问题进行探索。

建筑空间中客观存在的序列

一个电影制作人通过对内容进行序列性（sequence）的编辑，从而在观影者的脑海中打造了虚拟的故事和空间。建筑师所做的工作则是反过来的，对空间格局进行编辑，从而在使用者的脑海中形成序列和内容。

建筑和电影的相似之处是，它们都需要通过时间去体验。在这个体验的过程中，电影是通过一系列画面所形成的虚拟空间去讲述一个故事，而建筑用的则是一系列实体的空间。

建筑的线性叙事其实就存在于那些早已经被设计者制定并安排好了的空间序列中，而这些固有的空间线性序列大致可以分为两类——①形式本身所带来的序列；②功能排布而形成的序列。

建筑中的形式序列

过去以及今天的许多建筑空间的组织构成都不可避免地存在一定的"使用流程"以及相应的**空间序列**。欧洲传统的教堂就属于比较典型的具有强**序列性的空间**。

教堂的神圣性以及庄严肃穆氛围的营造离不开序列性。除了让人心旷神怡，具有浩瀚尺度的正厅以及华丽的祭坛这些关键的要素，它的空间次序和固有流程也是极为重要的。

敬拜者会从入口的前室进入，这个地方往往会相对静谧和幽暗，先让人的灵魂从都市的闹腾中静下来，然后再进入高耸的正厅。正厅进门处到神坛之间的距离往往会非常长，而且平面的格局会"强制性"地让人从正对着神坛的正中过道逐渐走向终点。

巨大的空间会让人感到自我的卑微和渺小，而逐渐走向神坛的过程会非常有仪式感，会让人联想到逐渐接近神的过程（图 4-9）。在主观的体验层面上感受，这会是一套非常线性的流程，基本上欧洲教堂都遵从类似的空间序列。建筑中配套的其他元素——比如井然有序的彩色玻璃窗以及如卫兵一般整齐排列在两旁的石柱，都在强化这一空间的序列性——让人从正面走向神坛，走向神。

除教堂以外，西方的皇家园林也具有非常强的**序列性和导向性**。以巴黎的凡尔赛宫为例，它的平面由一个非常工整的网格组成。东西向的中轴线是它的"主动脉"。处在主动脉西侧的广场为主入口和阅兵广场，通过建筑的围合形成了总平面布局的一个"汇聚点"，因为所有的干道都引向这个区域，而主体建筑东侧则是皇家园林，园林南北两侧的网格状道路将整个场地划分为一系列拥有不同主题（功能）的小园林。在最东侧，则是古代皇家的狩猎场（图 4-10）。

这样的布局形成了非常强的序列感，顺着主动脉由西向东会是一种非常**线性 (linear) 的体验——就像一幕又一幕被设计并安排好的分镜头**，从开阔的道路到庄严宏伟的广场，穿过建筑的厅堂，然后踏入静谧的后花园，最后来到树木茂密的皇家狩猎场。

图 4-9 巴塞罗那塔拉戈纳大教堂 (Tarragona Cathedral) 室内空间拍摄

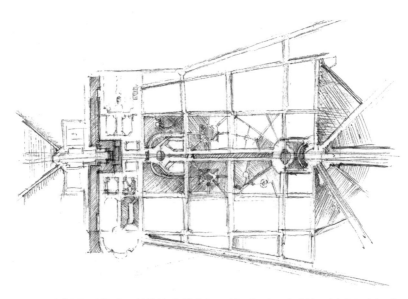

图 4-10   凡尔赛宫平面素描，从左到右的空间序列依次为入口广场、宫殿大厅、阅兵广场、中心花园、皇家园林、狩猎场入口。通过规划，每一个空间节点都会是一个十字路口，然后人流可以从各个节点进行发散；中轴线为核心动线，空间层级往两侧递减

　　而东方的园林（以苏州园林为例）的底层设计逻辑从某种意义上来说就是**"反线性"**和**"反序列"**的。园林中有曲折的小道，但它们并不刻意地将游览者从 A 点带到 B 点，更重要的是这些路径与石、水、林景的互动。同时通过对景、框景和借景等手法使得不同区域的场景能够形成遥相呼应的关系。一些园林的设计中，框景和对景的利用甚至可以形成某种**空间透明性**，将深空间 "拍平" 成为浅空间（图 4-11）。

图 4-11　中国园林中的设计——将室内门作为视觉装置，将一个庭院的深空间转化为三幅画

　　对比之前提到教堂空间的序列性或西方园林，可以发现，其实中国园林的设计是 "反序列" 的，其精髓不在于刻画一条特定的观赏路线，而在于不断**探寻和发现新的视觉和空间联系**。当然，中国园林的空间构成概念和跳切还是有差别的。跳切强调的是有规律、有章法地刻意去打破，并重组既定的序列。而中国的园林底层的构成逻辑是由下至上慢慢 "生长" 的，所以并不存在任何已有的序列，自然也没有打破一说了。

建筑中的功能序列

现代社会的发展，使得今天建筑内部的功能和流线比中古时期的建筑更加复杂。而部分建筑类型，因为其承载功能的属性，它们的序列属性比过往的建筑更加有过之而无不及。

大部分大型交通枢纽的设计，无论从整体的形式布局，还是从使用者的主观体验的层面而言，都存在一定的空间序列。我们从进入车站，安检，买票，验票，行李存放，到候车室，最后在站台上结束，这样的空间次序形成了感官上的线性流程。而火车本身需要并排停放的长度，以及车站内部为了满足大跨度空间需求而使用的连续性桥门架结构 (repetitive portal frames)，更是进一步加强了空间本身序列性的效果。更多其他的建筑类型比如机场、酒店和大型购物中心都各自存在不同类型的空间序列性。

建筑的空间透明性与居住建筑序列的突破

勒·柯布西耶在斯坦因／德·蒙齐别墅（俗称"加歇别墅"）(Villa Stein) 的设计中，在主入口区域，通过路径和立面的巧妙设计形成了某种**透明性 (transparency)**（图 4-12）。

从人的主观感受来说，当我们的视觉与这栋别墅的立面进行互动时，建筑原有的空间序列性的确是被"拍平"了，因此在这个特定的瞬间，在感官上消除了这个建筑类型原有的空间序列性。

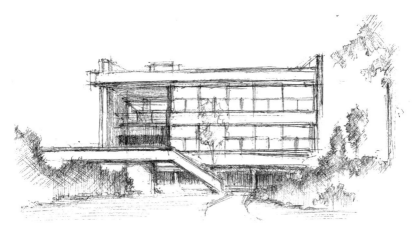

图 4-12 斯坦因 / 德·蒙齐别墅正立面素描

　　今天大部分的欧洲人依然居住在非常传统的小别墅中。对于小别墅这种建筑类型的序列，是有一种共识的——进门、客厅、厨房、起居室、花园、卧室。而楼梯间往往是单独存在的独立个体，不与其他元素发生过多的联系。

　　如果单纯为了打破序列，简单粗暴地将卧室放在序列的最前端，导致的结果当然会是功能的混乱，并导致房子无法正常使用。但在萨伏伊别墅的设计中，柯布西耶将楼梯间、坡道放置在整个房子的正中央最显眼的地方，这样做同时达到了两种效果：

　　楼梯和坡道本身就寓意着人身体的运动，因此从任何角度去看这个房子，空间都不再是一个简单的，只有四面墙、地面和顶棚的透视构图，而是一个具有深度的空间，而坡道和楼梯的同时存在，则为这个空间同时赋予了**横向和竖向的动能**。

　　由于坡道的横向势能和楼梯上下方向的动能干扰了空间本身应有的**透视关系**，因此形成的浅空间效果，有效地挑战了当时人们对居住功能类型空间序列的认知。

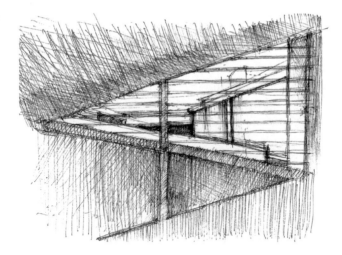

图 4-13　萨伏伊别墅电影场景般的室内坡道

　　无论是站在室内的透过坡道看向屋顶花园，还是反过来从花园看室内，由于坡道本身带有强烈的动线的寓意性，我们的眼睛会不受控制地被两道坡道的倾斜动向所吸引，从而在视觉感受的层面将现实应有的透视关系进行了颠覆。

　　从室内往外看，犹如透过某种电子媒介在看科幻电视中的场景，而从屋顶平台往回看，由于坡道和屋顶凸出的楼梯间在构图关系上的关联性，在观看者的眼中呈现出来的感受更接近于一幅拍平的"油画"(canvas)，而不是一个三维立体的建筑空间（图 4-13、图 4-14）。

　　在萨伏伊别墅的设计中，当观察者走到某些特定区域的时候，线性的序列从主观体验的角度去看的确是被压缩了——三楼的起居空间、流线空间以及室外花园被拍平成一幅画。而

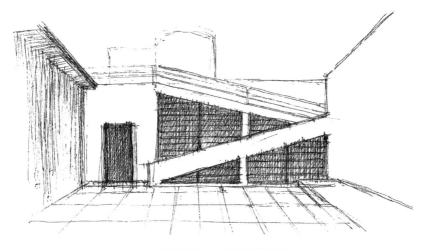

图 4-14　萨伏伊别墅立体主义油画般的室外坡道

当观察者离开这些特定区域的时候，又会马上意识到自己依然在一个立体的三维空间以及线性的序列中。

对比斯坦因别墅和萨伏伊别墅的设计，尽管两者都具有空间透明性的特质，但前者不会给观察者带来跳切的体验。因为它是从一个相对远离的角度，让人从建筑的外部去观察所获得的体验，而不是身在其中进行深度参与获得的感受。

萨伏伊别墅的游览体验是可以在深浅空间之间不断切换的，因此房间与房间之间的关系可以在游览的过程中，通过不同的角度去观察，**不断地被颠覆并在新的构图中进行重组**。这种类型的空间体验则更加接近于电影叙事中由于非线性叙事而产生的跳切效果。

定义建筑空间中的跳切

序列与程序

伯纳德·屈米在他的著作中多次提到建筑空间中 "程序" (programme) 的概念。这个概念与沙利文提出的 "形式服从功能" (Form Follows Function) 中所指的 "功能" (function) 有所不同——屈米在概念的层面向前迈进了一步。

程序更偏向于将整个建筑空间看作一个**被 "编排" 并持续运作的系统**，它在功能的静态基础上增添了运动和速度的因子。功能的概念更注重于现象，而程序的概念更加关注其背后的运行机制。比如一个酒吧从功能层面看是一个喝酒和看足球的地点，但从程序的角度来看，则包含了其**背后的整套流程和运作逻辑**。比如日常情况下,酒吧的程序其实是由一套社交系统 (喝酒、看球)，销售系统 (吧台买卖) 和一个物流系统 (后厨装卸) 之间相互交流而构成的一套动态关系。

库里肖夫实验与程序的可独立性

库里肖夫 (Lev Kuleshov) 的实验由三行图片 (每行两张共六张图) 组成，每一行图片右边的图片都是一样的: 一个演员毫无表情的脸，而左边从上到下依次为一碗汤，一个棺材里躺着一个小孩，一个躺在沙发上的女人。演员毫无表情的头像被置于多种不同的场景下, 观众在每个不同的组合中可以读出不同的含义。对应左边的三张图，演员的表情可以依次被解读为饥饿、悲伤、欲望。

同理，公园需要容纳事件序列、功能序列、活动序列、偶发事件序列，它们必然叠加在那些固定的空间顺序上。所有场景都具有衍生性，不同场景的并置可以"衍生"出新的意义。

屈米在《建筑与分离》(*Architecture and Disjunction*) 一书中，引用了库里肖夫实验来论证建筑中的程序与空间的可脱钩关系（这个主张针锋相对地回应了后现代主义对现代主义建筑的批判——建筑的外形更像工业产品，而与内在功能、文化不挂钩）。屈米在文中说到，如果从一个程序的角度去审视一个改造的事件，当一座 18 世纪的监狱建筑被改建成一栋 20 世纪的市政厅时，这种程序的转变在某种程度上会形成**程序和空间的断裂**，同时也暗示了监狱和市政厅背后的两种运作"系统"其实存在某种相似的性质[1]。这种断裂所衍生出的解读以及联想和上述库里肖夫的实验所描述的效果具有异曲同工之处。

屈米的程序理论有三个重要的空间要素：**空间 (Space)**、**事件 (Event)** 和**运动 (Motion)**。用这个基本要素去审视我们在常规的建筑空间会发现很多平时观察不到的关系，比如我们的运动不会限制空间，但是空间却可以限制运动。屈米意图论证的是，在大部分日常无趣的建筑空间中，空间并不激发人的行为，人的行为也不会影响空间，因为这些要素都是独立存在的。只有在一些特定的场合和事件中，它们才会在人的感官层面上产生交汇，从而让体验者感到它们的相互依存性。

1 在欧洲，监狱往往都是城堡演变而来，它厚重的墙，既能保护人免受由外到内的入侵，也能防止危险从内而出，这种建筑类型本身具有极强的矛盾性。

空间跳切的切入点

屈米的这个对空间与运动之间断裂关系的观察，恰恰是定义和制造空间跳切的一个很好的切入点。我们可以用**空间断裂**这个概念反过来审视跳切在电影想达成的艺术效果。

看电影时，观众习惯于故事情节和时间是平行推进的，但如果通过跳切的手段让两者发生断裂时，我们的大脑就会产生质疑，而这种质疑恰恰是导演预先设想并编排好的，然后运用这种质疑往下进行下一步的情节安排。

《记忆碎片》的故事情节与时间在序列上就是断裂的，只是在某些关键时刻发生交错，而它们之间分分合合的关系就会让观众更加强烈地意识到故事与时间的相互依存性，就如同建筑中空间、事件和运动之间的相互依存性一般。

在电影中，内容与观影时间的断裂是为了**打破传统的叙事模式**，让观影者可以更加感同身受地体验电影的情节；而在建筑设计中，空间与运动的断裂其实本身就客观存在，但只是我们没有办法客观观察到它们而已。

那么问题在于，如何将不同要素之间的断裂进行体现呢？在此，屈米选择的方法是——在一系列相对独立的空间中附加另外一系列与其毫不相干的独立程序。这样程序和空间之间的关系就如同库里肖夫实验中，同样的人脸和不同的三幅图的关系一样，通过不同的组合可以产生不同的结果。

　　当空间与事件被建筑师用各种手段进行强制性的叠加后，空间就获得了新的意义。空间不再简单地"装载着"事件，而是让程序中的运动和事件都具有相当的独立性，甚至有可能反过来影响建筑空间。因此，最终产生的"合成物"，可能是一个全新的、与之前两组被输入的"原材料"完全不同的新空间产物。

曼哈顿手稿与拉维莱特公园

曼哈顿手稿

　　《曼哈顿手稿》的内容主要由一系列图片构成。图片分成三组并且通过三行并置的形式去展现事件，运动与空间之间的断裂／交合关系——人和物件、物件和事件、事件和空间事件、空间和运动这些因素之间各式各样的互联互动，才形成了建筑／城市空间的完整体验。

　　建筑空间与其内部的运动之间的关系是什么？建筑的轮廓是否控制并影响其内部的运动和事件？但《曼哈顿手稿》质疑的是，我们是否可以将这层关系逆反过来——**让事件去触发建筑，让运动去影响建筑？**

　　手稿里的第一节（MT1）中，建筑与行动难解难分，并受其影响而产生变化。

　　第一节以发生于纽约中央公园的一起凶杀案展开。一个孤独者偷偷接近并杀害了被害，寻找、抓捕凶手的线索展开——凶手的踪迹和建筑物交织在一起，他的一举一动和建筑物难解难分，并受其影响而变化。图片展示事件，平面图揭示建筑外观，示意图展示人物的行动线。一系列的图解很好地展现了事件、疑犯的**行动和建筑空间之间的关系**。

　　而第四节 (MT4) 不同的运动参与者，舞蹈、士兵、足球等功能都应该在相应的场所中进行，比如音乐厅、训练场和足球场。但是屈米所观察到的是，这些不同的"程序"，尤其是在当今密集的城市生活中，经常会在一个本质上没有特定功能对象的同质化空间（比如大商场）中进行表演／演练，因此产生了运动、事件、程序和空间的断裂。比如在同一个体育场馆内部，第一幕出现阅兵，第二幕出现舞蹈表演，然后是溜冰和艺术展览——同一个空间场所，却是完全不同的事件，而且建筑轮廓与事件之中人的动线 (movement) 毫无关系，完全分离。建筑的方程式的不同方面以片段的形式呈现，这些片段被重新放置在一起，就会**重叠出新的组合，像影片中的跳切**。

　　而在手稿中另一个探讨的问题就是**空间、运动**与**事件**三者之间的断裂问题。在常规的建筑设计中，这种断裂是属于失控的，或者说设计对这层关系基本属于置之不理的状态。那么是否可以通过刻意引入某种媒介和场景，或者是某种建筑形式，或者建筑与环境之间的组合，让这种断裂（或分离）不再是转瞬即逝的片段，而变成某种可以"长期合法存在"的空间场景？

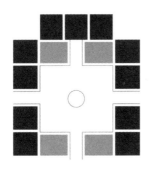

图 4-15　典型西方园林平面构成与拉维莱特公园平面构成概念对比

拉维莱特公园

在拉维莱特公园 (Parc de la Villette) 设计中，屈米将一直以来研究的空间与程序的断裂性，通过实质的物理空间体现了出来。

回顾一下前面论述中提到的凡尔赛宫，在它的平面规划图中，可以清晰地看到：它的序列性是通过**物件（点）、路径（线）和场地（面）**三者之间的有序结合促成的。线与线 (line) 之间交叉的节点 (node) 都会进行特殊的形式处理，一个小花坛（次级道路）或是一个水池（次级与主干道交结处）。而线与线之间的围合，则形成了绿色的 "面" (surface)。因此三者之间存在着相互依存却同时又相互强化的关系。

而在拉维莱特公园的设计中，这三种元素似乎完全与对方 "脱钩" 了。表面上看，它们之间似乎没有任何联系，完全是被设计师随机并散漫地抛洒在场地之中。其实屈米这样做，是有他背后的一套逻辑的：**点、线、面**三个系统看似各自为政，但其实它们各自都有一套内生性的逻辑。而将它们最终结合的手法也有一定的刻意性——刻意地使它们产生某种 "明显" 的断裂感（图 4-15）。

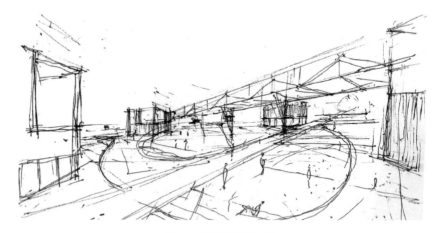

图 4-16　拉维莱特公园场景素描

点系统

　　公园中的每个点其实就是一栋红色的建筑物，它们的外貌特征极其相似，似乎都是整体拼图的一部分，但同时又有微妙的差别。某些点之间甚至还有形体呼应的关系，例如某个红房子缺的一角会在另外一个红房子上面补上。

　　游人会在完全不同的游览时间和空间境遇中意外遇到相同（或者有呼应关系）的**红盒子**，设计要最大化地可规划，让红盒子每次都以始料不及的方式出现在游人眼前。刻意与线和面最大限度地脱离关系，使得在主观层面上，红盒子的方位是彻底随机的、不可能预判的。类似于被"跳切"过的故事情节，只有在事后才可能理出一个完整的逻辑。

线系统

路径这个元素在公园中承载着极其重要（甚至比其他两者更为重要）的角色，它就像人体中的血管一样，控制公园中**人流的方向以及流动的速度**。例如在主题公园的设计中（迪士尼的设计尤为明显），临近主入口的区域，道路比较宽广并且较为直挺，而在靠近一些小型游乐项目或者休闲区域时，道路就会变得明显曲折而且纤细。

拉维莱特公园的道路设计遵循上述基本原则，但有所不同的是，除了两条主干道以外，次级别的支线道路并不会将游览者刻意引向任何项目或者目的地。主干道一条是南北贯穿、连接南面主环路和北面地铁站的道路，另一条是东北横跨公园、连接西面的市政大厅和东面的城市道路。这两条主要干道就像电影中的主要故事情节时间线，将故事情节最主要的开头结尾串联起来。而剩余的枝干和小径，则被放任去自由地"生长"，似乎与公园中的建筑以及活动场地没有形成任何构造上或者空间上的呼应关系（图4-16）。

传统的电影，观影时间线和故事情节的进程方向是一致的。而跳切电影的故事情节不是按照观影时间串联的，所以观影的认知会不断地遇到挑战。这个逻辑在拉维莱特公园的两条主要游览流线上也是成立的 ——公园内的情节（包括标志性物件、建筑物和活动、事件等）的规划以及布局的序列，与部分故事线（次级道路）产生了**断裂的关系**。因此，从游览者的观演角度看，建筑和活动都是在身边"随机"出现和发生的。当他们从不同的角度去经历同一个地方，却极有可能获得不一样的体验。而不同的场景和建筑物的出现，在感官的层面都像是"意外的邂逅"。

面系统

常规的公园活动场所都很明显地被"指定"，通过空间围合或者道路指引等手法，将空间勾勒出来或者引导**人流聚合**（比如伦敦的海德公园，中心广场区域的特定设计就用于皇室聚会或巡游）。

拉维莱特公园的活动场地则不同，它的面有点像一个无规则的"麦田"，各种不同类型的活动在上面发生，同时公园的道路则会无规则地穿过或绕过这些活动区域。

这些活动区域的边界不会受到园区内建筑和道路的干涉，活动的"内容"（人群）会自然随着自身的需求，像雨后的块状积水一样向外扩散。因此在公园中，我们可以看到各式各样奇怪的**"事件拼贴"**，比如排球比赛与音乐表演，或者公益活动与美食节等。

断裂与跳切

　　电影中跳切是通过将故事内容和播放时间进行有效的断裂，从而让人在感官上形成"时间维度的断裂"。

　　在线性的电影中，我们的观影时间被迫困在与故事平行的角度去观看内容。而非线性的电影则可以将我们的感官时间从原本线性的叙事时间中抽离出来，用一个不同的维度去观赏。虽然这个非线性的序列是由导演设置的，但却因为它和故事内容的时间推进不一致，从而让观众对序列编排的"意识"得到了觉醒，进而获得了一种更加具有互动性和参与感的观影体验。

　　在线性的公园，我们游览的路径，活动的空间，都受制于道路、开放空间与建筑之间的固有关系之中。而拉维莱特公园对三者关系营造的"刻意断裂"，则可以让我们对空间的认知不断地游离于三者之间，跳出建筑师刻意制定的独有秩序和流线，不断从不同"维度"去重新审视各个元素（点、线、面）的本质。

　　需要再次强调的是，尽管达成的效果已经相当类似于电影中的跳切现象，但我还不能直接将空间的断裂效果同跳切划等号。因为如果我们从底层的构成逻辑去审视，空间断裂的空间成品只做到了将固有的序列全部"打散"，但它并不能让人非常清晰地感受到**空间序列的重新编排**。

虫洞与装置艺术

实联化工水上办公楼

如果将跳切仅仅定义为"对线性秩序的打破"，尤其是在空间的层面上讨论，其实是相对不够准确的。

很多电影会使用倒序，但本质上来说，倒序并不是跳切。在空间的层面来看，倒序这样的叙事行为可能更接近某种类似于"虫洞"的存在，就是一个能够从A点传送到B点的"快速通道"。而跳切可能更加凸显的是两种或多种不同秩序的并行和同时存在，甚至相互关联和"干扰"的状态。

阿尔瓦罗·西扎 (Alvaro Siza) 的实联化工水上办公楼 (Shilian-Chemical Floating Office Complex) 设计的布局将一系列不同的办公功能依次放置在一条类似于**蛇形的带状体量**中。这个带状的建筑在平面上呈现出一个"U"形的布局。在"U"形内被围合的区域，有两座连桥贯穿建筑的主体，第一条连接首层的两个大厅，另一条则穿梭于首层和二层不同区域的坡道。

这套"异样"的空间元素的确打破了主体建筑既定的空间秩序，但是由于这两条"通廊"的空间封闭性以及极端的"通过"性，它的空间属性应该属于虫洞而不是跳切。虽然员工在经过这两条通道的过程中，能够通过窗户从不同的角度观赏到建筑的风貌，但从功能和感官的体验层面来说，它们本质上和高楼的电梯没有太大区别，它们只是将人从一端引进，然后从另一端出来。

而这种 **"隧道"** 一般的空间，无论从造型还是从体验层面，似乎都没有对原有的办公空间序列进行任何颠覆或者重组的作用。

圣约瑟演艺中心

圣约瑟演艺中心 (San Jose Art Complex) 是一个批判性的项目，在一个演艺类建筑中植入一系列互动的媒体装置，从而质疑传统剧院建筑的本质。

一个典型的剧院（比如巴黎大剧院），它的交通流线空间其实是实际演绎空间的五倍之多，而这个批判性的项目则希望通过跳切的手法去提问：真正的戏剧化空间到底在演艺厅的墙内还是墙外？ [1]

设计在人们从进入建筑开始，买票，上电梯，买爆米花，休息等候到排队这一序列的关键位置上，都在能体现空间场景的角度放置了摄像头。摄像头所拍摄的影响会直接反映在建筑外立面的一排大电视上，在广场的人群可以在还没进入建筑之前，就一睹自己将要经历的 "未来"。同时也将建筑空间中需要逐个经历的序列性空间，依次展示在人们面前。

1 来自迪勒·斯科菲迪奥与伦弗罗（Diller Scofidio+Renfro）建筑事务所官网圣约瑟演艺中心项目介绍 JUMP CUTS[EB/OL]. https://dsrny.com/project/jump-cuts.

这个项目的逻辑设定以及所呈现的效果，已经非常非常接近空间跳切应有的效果了，但依然还不足以成为真正的空间跳切。比较直接的原因是它借助电子媒体的设备，而没有通过纯粹的空间构成本身去营造跳切的效果。

如果能够用类似于勒·柯布西耶在加歇别墅，或者中国园林中使用的透明性空间的手法去"捕捉"这些不同序列的场景，然后将它们"拍平呈现"在建筑的立面上（而不是用一排电视机），那么就很有可能会是一个非常经典的跳切建筑的案例。

特拉维夫博物馆

另外一个值得一提的跳切案例是由普雷斯顿·斯科特·科恩 (Preston Scott Cohen) 事务所设计的特拉维夫博物馆 (Tel Aviv Museum)。由于场地边界的不规则性，加上建筑容积率等限制条件，导致建筑的平面必须出现**两个不同朝向的轴网**。设计师则非常巧妙地利用了这个场地的限制条件，并将其转化为一系列戏剧化的空间成果。

常规公共空间的中庭空间往往都显示出非常清晰的透视关系，置身于其中，观察者能够非常清晰地看到层与层之间的上下关系以及眼前呈现的空间的灭点等。

博物馆中庭设计戏剧化地"挑战"了这样的"常规套路"。由于中庭处在两套不同朝向轴网系统交接的位置，因此理所当然的，从人的透视角度观看，会看到两个不同角度的**透视系统交叠在一起。**

设计师通过对空间的处理，非常巧妙地选择性"隐匿"了若干横向以及竖向的元素，而最终达到的效果则是显现出一个拥有多个透视灭点的空间。两条倾斜的条状窗户切入并打乱了其余横向窗户形成的横向秩序，使人一眼看去就能感受到一种**混乱与秩序共存的效果**（图 4-17）。

这种效果的巧妙之处，与《降临》中导演将故事线的部分关联情节隐匿，而选择性地展现一些似联非联的故事线，从而让观众自己脑补各种可能性的手法有异曲同工之妙。

中庭区域的每一条流线似乎都在干扰和破坏其他流线的稳定，但是整体空间却不显混乱，反而很有序地无缝连接在一起。空间中所有不同的轴线都是基于两套轴网形成的，两套轴网形成了两套背后控制几何形体的导向性系统（图 4-18、图 4-19）。

在特拉维夫博物馆的设计中，无论人从任何一个角度审视，其余空间的布局都呈现出一种"剧烈舞动"的状态，游客对空间最基本的、通过三维透视读取一个空间轮廓的方法似乎失效了。他们失去了观察空间的默认落脚点，只能在与空间的互动过程中，不断颠覆自己对博物馆空间的认知。

从空间体验的角度分析，尽管属于不同的时代，特拉维夫博物馆的空间和萨伏伊别墅的空间有着非常相似的地方——都是通过多段隐含动能的线段，去扰乱深空间本身的透视关系，最终在一些特定的观察视角呈现某种**超越三维的浅空间**。但从跳切的角度来看，这两个项目对空间序列的颠覆可能更多只是设计效果最终形成的"意外惊喜"，而不是项目一开始就追求的预设目标，因此，最多也只能被定义为跳切空间的"准案例"而非标准案例。

图 4-17　特拉维夫博物馆中庭素描

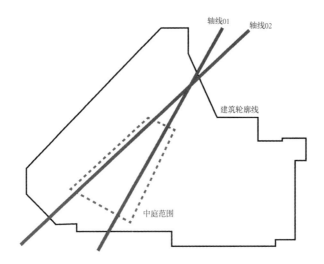

图 4-18　特拉维夫博物馆平面轴线分析，建筑的布局主要由两套平面轴线系统组成

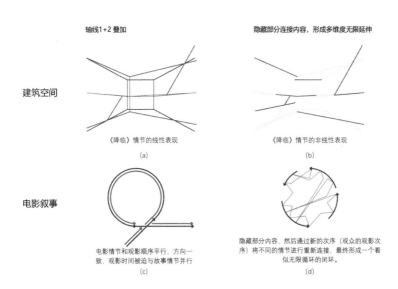

图 4-19　特拉维夫博物馆中庭空间，流线隐藏从而混淆传统透视关系（a、b），与《降临》叙事结构的对比分析（c、d）

大阪宫本町住宅

设计将各类功能以螺旋向上的排列方式进行构建，功能之间的划分靠的是高差，整个房子几乎没有隔墙，因此视线非常通透。

由于房间与房间之间不存在纯粹的横向或竖向分割，因此当观察者站在房间各种不同的角落，都能看到功能与功能之间同时具有横向和竖向关系，而这与常规住宅类型的格局大相径庭。而这种观察体验，是在螺旋向上进发的过程中持续被我们的视线所触发的。

房屋主要有两条流线。它们都起始于一层的门厅并逐渐往上，第一条经过厨房和餐厅，到起居室，再到工作室，接着是卧室和阳台。而第二条则经过阅读区，活动空间，起居室，最后经过淋浴间到达屋顶阳台。两条流线在起居室和卧室会进行汇聚。

螺旋向上的格局将居住类型的线性属性用最直白的方式展现了出来，而这种线性可能只会在平面布局中体现得非常清楚，但从使用者和观察者的切身体验来看，这种**线性**则由于空间本身的"破碎性"而**断裂**。

尽管人的行动没有办法越过不同的房间进行真实的跳切，但在视觉体验上，空间序列呈现出了一定程度的非线性。那些木质的楼梯是唯一能够将建筑师设定的线性逻辑重新拼凑起来的物件，但如果我们站在一个角度看向整个室内空间时，我们的眼睛是没有办法瞬间追溯这些楼梯的次序的。

当空间布局本身的线性无法被瞬间识别时，我们的眼睛就可能被干扰——同时读取到空间中的其他信息。比如我们站在厨房的位置看向整个室内空间，我们从左到右可以同时看到画室、起居室、远处的阅读室、右下的进门前厅以及右上的卧室（其中一部分）。房间设计的线性序列应该是，前厅—厨房—画室—起居—卧室，但如果一个观察者坐在厨房吃饭或烹饪一会儿之后再回头去看整个空间，他/她的辨识顺序应该不会沿着来时的原有路径去看，而是我们意识中潜移默化的从近到远，或者从左到右。这个时候，就形成了一种新的"跳切式"的序列：比如厨房（最近）—卧室—画室—起居—阅读—前厅（最远）。

跳切空间的可能性探索

概念性空间实验

跳切作为一种拍摄手法，始于电影领域。但对于建筑设计，是否可以带来一些新的审视和设计空间的角度？

个体的运动和建筑空间不可能脱离开对方独立存在，当个体进入空间时会相互产生一种**"暴力"**。个体打破了空间既有的平衡，而空间客观地会对运动的流线产生一种**强制性的压迫**。

基于《记忆碎片》的剪辑手法，这次实验对一个简单的空间和动线进行剪辑，将它们客观存在的动态关系可视化。实验的地址选择了一条非常简单的教室走廊（图 4-20）。空间实验

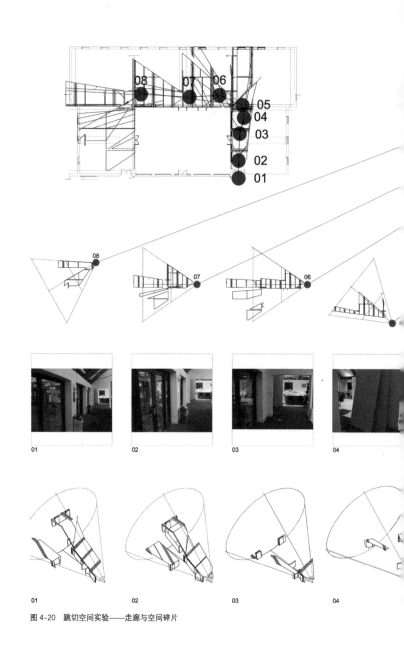

图 4-20   跳切空间实验——走廊与空间碎片

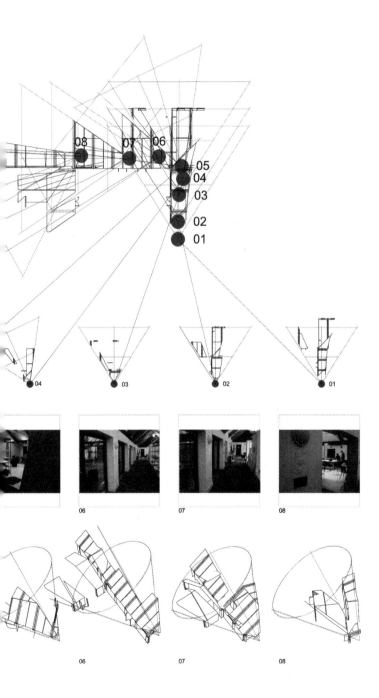

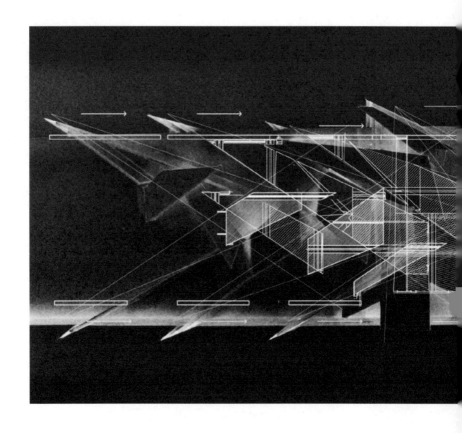

图 4-21　跳切空间实验——序列"洗牌"后的空间碎片叠加图

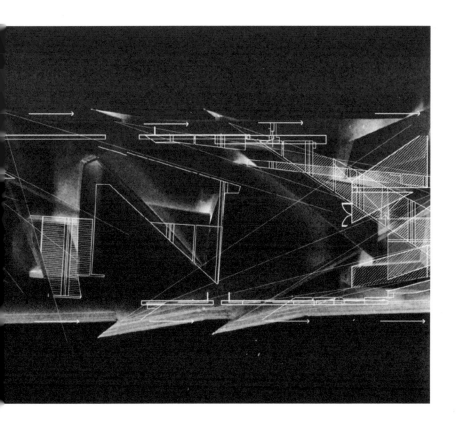

意图从一种"跳切"的世界观，重新认识这个被实验的空间，因此必须颠覆常规对建构元素的分层 ——墙面、地面和屋顶。从两个不同的方向行走穿越走廊，并用相机对每一秒看见的所有事物进行记录，然后再将每一秒看到的三维空间提取出来变成空间碎片（相片中能看到的部分建模，不能看到的部分默认为空白不存在）。

最后，用一种类似《记忆碎片》电影中的剪辑拼合的方式，将两组空间**碎片叠加**在一起，呈现出一个另类的异样空间。

跳切在电影中让人脑洞大开的最主要原因，是观众每时每刻都有可能对之前**看过的片段产生新的认知**，比如看到故事的高潮时，发现之前对片头内容的认知是不一样的，而看到结尾可能又恍然顿悟，发现之前都是一场空。

那么将此转译到建筑空间中，效果也需要实现空间自身不断地演变。随着观察者自身的运动和观察角度的变化，不断颠覆并重构之前对空间以及**空间和使用者之间关系**的认知（图 4-21）。

结语

在建筑的领域，建筑师对空间本身的掌控权以及参与者对空间的使用权之间的博弈关系自古以来一直存在，并随着时代的变迁也一直在演变。

在西方的传统建筑中，建筑师喜欢在建筑的中心区域放置一个开阔而宽敞的中庭，这也可能是当时的建筑师找到的唯一能够将他们对空间的**"控制权"**交托给使用者的办法了，因为这样使用者可以在进入的瞬间能够解读并理解整个建筑的构造。

勒·柯布西耶在他的时代将这种手法更加高效地提升，将寓意着动线的坡道和楼梯转变成物件 (object)，然后将它们与建筑的整体空间融为一体，让参与者可以在移动中解读建筑师所设计的**空间序列 (sequence)**。这样就将传统建筑中，中庭所带来的对建筑整体空间的静态的认识，转变成一种人与空间之间更为**互动式的过程**。

在 21 世纪的今天，由于互联网科技的发展，读者获得了前所未有的"再创作"的权利。在各个领域，读者对作品的认知都不再受限于**原创的限制**，获得了空前的释放。正如凯文·凯利 (Kevin Kelly) 在他的著作《必然》(The Inevitable) 中指出的，今天的创作正在变得空前的开源，互联网平台类似于YouTube、Spotify 等，使得不是科班出身的大众都能进行艺术和音乐的创作。

与此同时，我们今天的建筑空间内部功能原有的**线性序列及结构**关系也正在逐步瓦解、重塑、再转化。新的社会发展呼吁着更加快速的功能（或程序）迭代，与此同时，也需要更加灵活多变，更为**多元化的空间组织**。

那么，建筑设计是应该保持现状，让空间的使用者被动地去遵守默认的"程序"，接受默认的设计路径和序列，还是应该转向当今较为流行的"平台思维"——设计底层的逻辑和游戏规则，然后在此基础上让使用者、事件与空间进行开放式的堆叠和碰撞（如拉维莱特公园）？

在未来，希望能通过进一步的研究和学习，从其他相关行业（如小说、艺术或电影行业）中找到能够汲取和借鉴的思路，在前人已有的基础上，找到除了上述两种以外的、别开生面的切入角度，并通过更多的研发和实践，让建筑空间的使用者与空间本身以及使用者与设计者之间，能够享有**更加自由、更开源化的关系**。

参考文献

参考图书

[1] Tschumi B. Architecture and Disjunction（1st ed）[M]. Cambridge, Mass.: the MIT Press,1994.

[2] Kuma K. AA Words Two: Anti-Object: The Dissolution and Disintegration of Architecture[M]. London: AA Publications, 2007.

[3] Kelly K. The Inevitable: Understanding the 12 Technological Forces That Will Shape Our Future[M]. London: Penguin Books,2017.

[4] Tschumi B. Manhattan Transcripts: Theoretical Projects[M]. London: Academy Edns.,1981.

[5] Pariser E. The Filter Bubble: What the Internet Is Hiding from You[M]. London: Penguin Books,2011.

[6] airy. 从透明性入手发现中国古典园林中的"浅空间" [EB/OL].[2014-08-14]. https://www.douban.com/note/394400325/

订阅专栏

[7] 吴伯凡. 伯凡日知录 [EB/OL][2017-09-11]. 得到 / 课程 / 伯凡日知录 /186. "再部落化" 时代下的 "新种族".

[8] 怀沙. 怀沙解读：特德·姜《你一生的故事》[EB/OL]. [2018-04] 得到 / 听书 /《你一生的故事》/ 怀沙解读，2018.

[9] 吴伯凡. 吴伯凡认知方法论 [EB/OL][2018-07-11]. 得到 / 课程 / 伯凡认知方法论 /02/ 认知治理 / 镜与灯 / 灯式认知，2018.

建筑的另一种原型

课题关键词：**移动**

 移动建筑学将是空间设计发展的基础理论，它包含了传统意义上的建筑学

很多人抱怨当代建筑学已经没有可以研究的方向和发展空间了，这个问题本质上是建筑学自身的局限性导致的。在当下快节奏的背景下，传统建筑学的研究方法和研究范畴无法跟上时代的发展，建筑学的跨学科研究存在明显的不足，研究对象大多局限在陆地上建造的固定建筑的范畴。现在应该打破边界，重新审视建筑学的各种界限，思考固定性和移动性之间的转换。建筑不只属于陆地，在海洋、天空、太空等各种场景下，都需要一套全新的理论来指导。这就是移动建筑学产生的意义。移动建筑学是为了更加全面地覆盖建筑设计，不受限于地域、时间等传统观念。

移动建筑学的研究不只停留在字面上的移动性。移动不是目的，目的是能获取更多的扩展方以更好地解决问题。移动建筑学的核心是研究建筑中固定性和移动性之间的转换关系。

移动建筑学

文天奇

重识建筑学

空间的未解之谜

我们每天游走在各种空间里，这些空间环绕在生活环境中的时时刻刻，我们自信地认为早已习惯并了解了它们。然而事实真的是这样吗？很多空间对于人类而言仍然是谜一样的存在。

■ 在宇宙里生活

《星球大战》(Star Wars) 是一部在很多方面都具有启发性的大众电影。在未来世界里，人们更多时间里是会像影片中那样乘坐飞船遨游，还是像现在一样继续住在一座座有着固定地址的房子里？想必大多数人都很难给出明确的答案。类似的场景不断出现在各种科幻题材的影片中:《雷神: 诸神黄昏》(Thor: Ragnarok) 的结尾处，诸神乘坐巨大的飞船逃离了阿斯加德;《星际穿越》(Interstellar) 里的飞行器甚至穿越虫洞进入了人脑无法想象的四维空间。

人类未来是否真的会生活在一个如此大型的飞行堡垒里？当下的很多迹象表明确实存在这样的可能。1971 年,苏联的"礼炮 1 号" 成功发射升空，它是人类历史上首个空间站，也是人类第一个真正意义上的宇宙飞船;在当代，美国企业家埃隆·马斯克 (Elon Musk) 的整个公司都是围绕着太空探索计划来运作的,

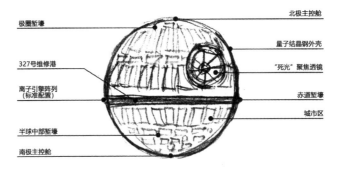

北极主控舱
极圈堑壕
量子结晶钢外壳
327号维修港
"死光"聚焦透镜
离子引擎阵列
（标准配置）
赤道堑壕
城市区
半球中部堑壕
南极主控舱

图 5-1 《星球大战》里的死星

案例 1:《星球大战》里丰富的未来生活空间设想（图 5-1）

电影《星球大战》堪称未来生活的完美写照，里面汇集了各式的飞行器，它们不仅满足了飞行功能，更重要的是，人们把这些飞行器当成了自己的生活空间：

死星（Death Star），也称 DS-1 平台（DS-1 platform），是银河帝国建造的卫星大小的战斗空间站。它的直径 120km，新造的死星为 160km，中心是一个超大型超物质反应室。内部可以被分成 24 个区，每一区都由一个"舰桥"指挥，死星上有明确的"分区"来表示各区域的功能，包括普通、指挥、军事、安全、服务和技术。人们需要在里面执行长时期的任务，为了能够更加舒适地生活，在普通区域内规划了公园、购物中心和娱乐区。死星上有海军与陆军342953 人，帝国冲锋队员 25984 人，再加上其余各种部队，共计约 200 万人。环游死星一周至少需要 180 天。在电影中，死星可以说是宇宙最大的人造飞行器。

2018 年 2 月 7 日 4 点 45 分，SpaceX 公司的"重型猎鹰"运载火箭在肯尼迪航天中心首次发射，并成功完成两枚一级助推火箭的完整回收。这是一个划时代的事件，人类的火箭飞行器第一次得以相对完整地回收，大大降低了火箭飞行器的成本，同时为人类自由进出地球做了初步的尝试。这些面向未来的实验不断挑战着人们现有的生活观念，人们不再依赖于那些锚固在地面的构筑物，飞船提供了另一种可能性，那是一种游移不定的生活方式和生活态度。可以预见的是，人们将会更频繁地生活在一种具有移动特征的空间里，这样的空间我们暂时称它为飞行器，但它又何尝不是另一种建筑呢？

■ 在汽车里生活

让建筑飞起来短时间内听上去或许过于遥远，但现实中在地面上我们已经有了一种类似的实例，那就是房车。人们可以在里面日常起居，开着它到处旅行，甚至可以一直住在其中。1910 年，皮尔斯箭头公司 (Pierce-Arrow) 推出了首款可自行移动的房车，开始了现代旅居生活的历史。20 世纪 70 年代后，房车的类型产生了分化，一类发展成了今天常见的样式，另一类变得更加宽大和稳固，无论从外形还是体量上更接近常规的房屋，被称为移动别墅。通常会较长时间停靠在一个地方，并需要更大的马力做牵引。那么房车算不算是一种建筑呢？当代大城市居高不下的房价让人们很难在城市里拥有一套自己的住房，在这样的情形下，房车不失为另一种选择。一般的房车可以满足 2 ~ 4 个人的基本生活需求，而且远低于具有同等功能的城市住房价格。

图 5-2　房车内部

案例 2：身边奇特的车——房车（图 5-2）

房车可算是集约功能的典范，普通住宅中的基本需求在这里都
可以得到满足，并可以如正常车辆一样去到任何地方。在房车
内部，卧室通常是必备的，同时配有客厅和开放式厨房，并安
装带有座厕、盥洗台、浴缸的卫生间，基本上是普通住宅的集
约和缩小版。但是因为带有车轮以及四处游走的特性，房车这
个名字总是被习惯性地视为一个偏正短语，即将"车"当作主
语，"房"仅作为一个前置的修饰词。但从实际的使用功能上看，
二者的地位应该对调过来，房车毋宁更趋向于一种建筑。

■ 在帐篷里生活

房车代表了一种将房屋整体移动的模型，在我们身边还有另一种可以被随时带走的房屋类型——帐篷。它的历史十分久远，甚至可以追溯到人类社会的初始阶段。但是大多数情况下，人们在谈论建筑时往往会不自觉地忽略这个现实中无处不在的类型，帐篷由于其方便搭建和拆卸的特点呈现出一种时隐时现的面貌，也因此常常被经典的建筑学边缘化，但当我们脱离开"锚固"这一传统的观念时，又该如何定义它？

■ 在船里生活（图 5-4）

陆地并不是人类生活的全部领域，我们的祖先很早就开始了对于水的探索，现代社会也是建立在海洋文明的基础之上的。为了在海洋中生存，祖先们发明了船，在通常的印象里，船都是作为交通工具出现的，但当我们认真地考察每一种船舶的实际使用情况，会发现在很多时候它们的使用范围远远超越了交通职能，它们早已成为遨游在水中的生活空间。远到郑和以及哥伦布的舰队，近到邮轮、潜水艇和航空母舰的发明，人们可以在这些或大或小的水上或水下空间里生活数月甚至数年。生活在伦敦的一些年轻人为了逃避不断上涨的房价，甚至将一种工业革命时代遗留下来的窄船（Narrow Boat）改造成了可以长期居住的空间，他们漂浮在伦敦长达 60 英里的运河网络里，而且这样的人群正在逐年增多。这些遨游在水中的建筑已经不是一个船舶制造企业可以独立研究的了，而这些带有建筑学特征的思考应该以何种方式介入？

图 5-3 蒙古包平面空间布局图

案例 3：蒙古包

蒙古包是蒙古族游牧民族的经典建筑。牧业生产和游牧生活的特性要求蒙古包的建造和搬迁都必须很方便。蒙古包主要由架木、苫毡、绳带三大部分组成。内部主要继承了蒙古祖先的经典排布方式，同时也与男女劳动的不同分工有关（图 5-3）。中国文化中有将一天分为 12 个"动物小时"的传统：鼠(0 ～ 2 点)，公牛(2 ～ 4 点)，老虎(4 ～ 6 点)，野兔(6 ～ 8 点)，龙(8 ～ 10 点)，蛇 (10 ～ 12 点)，马 (12 ～ 14 点)，绵羊 (14 ～ 16 点)，猴 (16 ～ 18 点)，鸡(18 ～ 20 点)，狗(20 ～ 22 点)，猪(22 ～ 24 点)。蒙古包的内部是根据这些动物的象征意义设计的，分别对应不同的功能分区：老鼠象征财富和积累，留给最富有或最尊贵的客人；狗象征狩猎，是存储武器的位置；龙和蛇象征水，用来存放水箱；绵羊就是放置新生的羊羔；牛放置食物箱；马是游牧民族的主要财产，守卫着入口和福祉。蒙古包内的布局逻辑和中国传统的木构建筑很接近，每个空间对应了各自的等级和功能。不同的是，木构建筑很难被随身携带，但蒙古包可以，所以我们理想中的建筑是否也可以是由一些布料组成并能随时带走的呢？

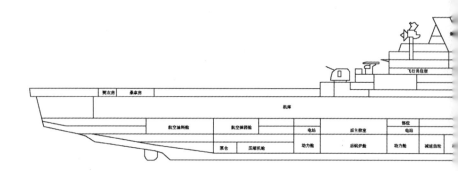

案例 4: 航空母舰

航空母舰作为"海上霸主",它的产生缘于战争,但是它巨大的身躯更像是一个水上的移动城市。以世界最大的"福特号"为例,先了解一下其中的主要数据:舰长约 332.85m,舰宽约 40.84m,飞行甲板 332.8m×78m,可储存 60 天的食物,船员 4660 人,航空人员 600 人。庞大的数据令人瞠目,这就是一个移动的人工小岛。它出现的主要目的是给飞机加油,使得战线可以覆盖全球每个角落。这么庞大的海上空间有很多,据统计,历史上一共有过 300 余艘航空母舰,这些航空母舰加起来就是一座超级城市,每一艘都接近一座超高层建筑的体量,那么这些航空母舰能算是建筑吗?

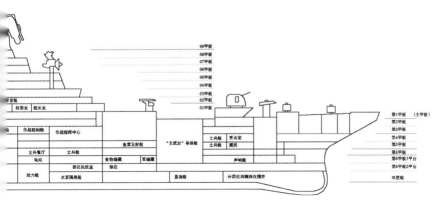

图 5-4 基辅级航空母舰部分功能剖面图

■ **不确定的室内空间场景**

在卫生间出现之前的时代，人们上厕所都是在卧室里用专门的器具解决，而不是选择独立的如厕空间，这是现代人无法想象的。卧室传达的直接含义是"睡觉"，但实际上除睡觉所需的床以外，里面还有许多看起来并非必须属于卧室的器物，例如衣柜、梳妆台这些与睡眠不直接相关的家具事实上也可以出现在其他空间，但在绝大多数的情况下，它们都是卧室几乎天然的组成部分。然而如果我们以一种超出日常的视角来观察，这其实只是一种惯性的室内布局原则，卧室里实际需要什么家具是使用者自己决定的，而使用者的需求也在随时变化，所谓的"卧室"也只是一个人为的功能预设，众多的不确定因素构成了一个非常含混的内部空间，设计者也因此难以同时满足所有人的需求。很多时候，使用者只需换一换家具，或将它们重新组合，空间的尺度并没有变，但室内的功能却全变了，那些贴在原有空间上的功能化的标签也就不再具有意义了。

图 5-5　中国古代堂屋内婚礼场景

案例 5：中国的堂屋

中国古代的堂屋首先是用于供奉主人的祖宗牌位或神龛的，这
是基本功能，其次它又是招待客人的客厅，也会用作家庭聚餐，
在婚娶时作为典礼堂，在治丧时作为灵堂等，由此具备很多功
能。不管是大户人家还是普通百姓，很多生活中的事件都是在
这个空间内发生的，堂屋的实际功能远比呈现出的空间陈设来
得丰富。（图 5-5）

图 5-6 宫崎骏的动画电影《天空之城》里的天空之城

- **神奇的城市空间**

　　宫崎骏的动画《天空之城》（图 5-6）描绘了一座漂浮在空中的城市，电影《阿丽塔：战斗天使》(Alita: Battle Angel)（图 5-7）里也有一座神秘的撒冷空间站。未来是否可以出现这样四处游弋的城市？

　　20 世纪 70 年代，基于城市中土地资源的日渐稀缺以及人口数量的不断增长，尤纳·弗莱德曼 (Yona Freidman) 提出了土地叠加的"移动建筑之城"（图 5-8）；建筑电讯学派 (Archigram) 的彼得·库克和朗·赫伦 (Ron Herron) 分别提出了"即时城市"以及"行走的城市"（图 5-9）；菊竹清训则提出了海洋城市，这些著名的概念为"移动城市"这个宏大的理想提供了前瞻性的模型。

　　这一个个关于空间的未解之谜到底需要怎样来解释？接下来我们会从建筑学专业里寻找一些蛛丝马迹。

图 5-7　《阿丽塔:战斗天使》里的撒冷空间站

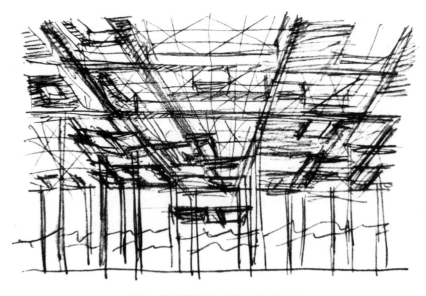

图 5-8　尤纳·弗莱德曼的土地叠加 "移动建筑之城"

图 5-9 建筑电讯学派的"行走的城市"

案例 6：行走的城市

朗·赫伦的"行走的城市"（The Walking City, 1964）的概念
让人们重新认识了城市：城市不只是一个目的地，也是一个可
以到处体验不同环境的行走机器。建筑电讯学派舍弃了城市的
边界和固定的属性，认为人们在未来将选择一种游牧式的生活
方式。移动性，已经成了建筑电讯小组最重要的设计哲学。每
一个游牧着的巨大城市体，都是一个多功能聚合空间，其外形
像是机械巨虫，有着椭圆形的躯干，依靠 8 只机械脚支撑和移
动，在需要与其他"行走城市"交流时，会伸出机械吸管吸附
在彼此身上，实现城市之间的迁移。巨大的移动城市有无限的
可能性，这是原有固定城市无法比拟的，那么未来的城市真的
会移动吗？

以往的建筑学

　　在传统的建筑学以及大众观念中，建筑都是作为被固定在某一块土地上的实体存在的。前面提到了许多非固定的空间形态，它们中有很多并没有被划分在传统的建筑学研究范畴里，那么应该如何认识这样一个移动状态下的建筑类型呢？

　　人类总是梦想着永恒的建筑，虽然这是根本不可能的。人们会倾尽全力去建设那些庞大、宏伟、奢华的空间，尽管从实际应用的角度看，很多并没有多大用处，宫殿、庙宇、陵墓等莫不如是。这些建筑由于其宏大的体量，或许呈现出震撼人心的崇高之美，但这可以代表人类建筑文明的全部么？大多数人一直忽略了那些看似渺小却无处不在的建筑类型，例如前面提到的房车和帐篷等（图 5-10、图 5-11），它们其实从人类诞生之初就一直相伴左右。

　　关于固定的观念深深根植在西方建筑史中，从维特鲁威的时代就认为"建筑应该打好稳固的地基"。但只要稍微了解中国建筑史，都会知道在中国常规的木构古建筑里是没有所谓"地基"的，中国古建筑的基础形式为"台基"，而台基是被放置在——而不是固定在地面上，这种基础被现代的结构语言描述为"整体浮筏式基础"，这种做法不是为了达到稳固，而是寻求一种灵活的平衡状态，用以抵消一部分地震的危害。1976 年唐山大地震期间，北京故宫也受到了影响，但得益于这种结构基础，没有受到大范围的伤害。在木结构中，榫卯也是一种不稳定结构，

图 5-10　帐篷

图 5-11　早期的房车——吉卜赛人的大篷车

属于重力体系下的构造方式，这种建筑的搭建顺序不能颠倒，因为所有部件都是活动的，这些活动的部件组合在一起形成了一个相对稳固的结构体系，从而达到一种动态的平衡。这些在中国广泛存在的建筑并非处于固定的状态中，它们可以被拆卸、重建并复制的构造逻辑，更接近于一种可移动的思维体系。

维特鲁威要求建筑必须"坚固、美观、耐用"，然而在诸如帐篷这类建筑中我们看不到任何坚固的属性。它们可以是如布料、兽皮、树皮、毛发等软性材料做的墙壁；不需要长期固定在地面上，也因此无需地基，甚至还要经常拆除，所有建筑部件都必须是灵活且可拆卸的；由于经常被携带，所以体量也不能过于庞大；由于风荷载和重力的原因，主流的帐篷通常都是上小下大，造型总体上也不可能过于多样，样子也未必很美观。

有一句流传很广泛的"名言"——"建筑是凝固的音乐"。这句话从字面上可以解释为建筑的常态就是一种固定的状态，固定是建筑的天然属性，但是前面所提及的种种问题都质疑了这种观点。人们应该如何看待这种固定和可移动的关系呢？

还有另一种有必要质疑的思维惯性。以往建筑学的研究对象主要集中在陆地上，这是由于人类长时间生活在陆地上导致的。事实上，海洋和天空中同样存在着建筑。在水中，有很多船只已经不再是简单的交通工具。例如常规潜水艇在水下可以停留一个月以上，核动力潜艇停留时间可以长达三个月，人们甚至可以在其中获得接近陆地上的生活，此外诸如航空母舰、邮轮、游艇等各式的船只都提供了远远超越运输功能的生活体验。在空中，大型的私人飞机也可以满足如同陆地上的生活需求。这些通常看起来只是交通工具的空间类型被大幅度地生活化，增加了人类的生活半径，以往被认为不适宜居住的环境也因此具备了进一步开发的可能。这些"交通工具"不再只具有交通的意义，它们已经可以被看作一种建筑，而这些建筑都有一个共同点，即一种非固定的状态。

将汽车、船只、飞机等交通工具笼统地归纳为"建筑"势必带来对于建筑定义的重新解读，于是将引发关于建筑学边界的讨论，重点在于审视建筑的可移动性。

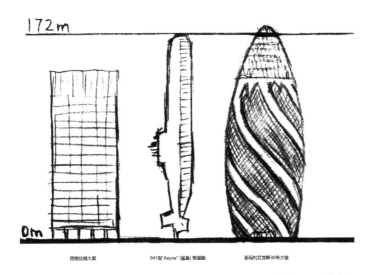

图 5-12　172m 长的 941 型 "Акула"（鲨鱼）核潜艇与西格拉姆大厦和圣玛利艾克斯 30 号大楼对比图

案例 6：巨大的核潜艇"城市综合体"

这张图是 172m 长的 941 型"Акула"（鲨鱼）核潜艇与西格拉姆大厦和圣玛利艾克斯 30 号大楼（30 St. Mary Axe，英国民众称为"小黄瓜"）的对比图，可以看出核潜艇的体量非常巨大，堪比一座城市综合体（图 5-12）。941 型"Акула"（鲨鱼）核潜艇是迄今世界上最大的潜水艇，艇长约 172.8m，艇宽约 23.3m，可以在水下停留 90 ～ 120 天，内部可以运载 160 至 175 名艇员（包括 52 至 55 名军官），每艇均配 2 套标准编制的艇员。

俄罗斯的潜艇很注重艇员的舒适度，这是为了艇员们一直保持最佳的战斗状态。在潜艇上的生活并不比陆地上差，艇员们可以在水下舒适地生活 90 天。潜艇内设置了约 8m×8m 的休息

室，里面有很精致的装潢，营造了俄罗斯式的艺术氛围。墙壁
挂有大型的油画作品，设置了栏杆和花坛作为装饰。另外还设
置了暖花房和鹦鹉笼，艇员们可以选择摇椅或者高背椅。内部
还有一个可同时供 50 名潜艇军官和艇员用餐的公共餐厅。艇
内还设置了健身房、活动室、桑拿浴和热水浴以及游泳池等各
种高级配置。每个水兵都有一个约 3m² 的"休息空间"，军官
都住在 2 人间或 4 人间的舱室中，每间舱室内都是木质装饰，
洗脸盆、书架、衣柜、空调和彩色电视机一应俱全，不了解情
况的人进入会以为这是在度假。水兵还可在甲板上钓鱼休闲。
一日三餐都是各种美味，有黑鱼子酱、金枪鱼、巧克力和葡萄
酒等。在 20 世纪 80 年代，这种居住生活环境确实让官兵向往，
因此许多其他舰艇上的官兵纷纷要求到该潜艇上服役。941 型
"Акула"（鲨鱼）核潜艇的强大功能已经不只是一个潜水艇，
简直就是一座水下的城市综合体，为未来人类探索无尽的海洋
打下了坚实的基础。

建筑的边界

地域的边界

发生在空间范畴的移动现象是最容易理解的。人们会在现实中为自己设定很多地域的限制，从人生活的住所到工作的地点，从一条街道到另一条街道，从一个城市到另一个城市。地域的边界有些是自然形成的，例如海洋、河流、森林、沙漠、寒地、高山、悬崖等一切人类自认为难以生存的地方。虽然其中很多被改造成了适于居住的环境，但更多的区域依然是人迹罕至的不毛之地，它们被定义为空置区域，那里与我们生活的地方隔着一道看不见的地域边界。这些空置区域形成了自然景观，但人类对于空间的占有欲是无限的，占有欲会带来对自然环境的侵害。移动建筑——无论是搭建帐篷还是停靠房车，再或者放置一些舱体类的瞬时构筑物，它们所具有的可以随时消失的特性能够将这种侵害降至最低，体现出很强的环境适应性。地域边界的形成有些基于复杂的社会原因，如国家或族群之间的纷争和隔阂慢慢产生了诸如"柏林墙"和"三八线"这样的真空地带，另有一些特殊的人群甚至长期生活在陆地以外的区域，像东南亚一些国家里的某些特殊人群，水成为他们世代依赖的栖身之所，在那里甚至形成了水上特有的社会形态和集体行为。

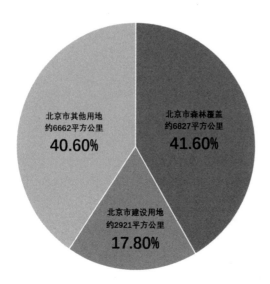

图 5-13　北京的 "空置空间",2015 年北京市的建设用地只占整个城市用地的 17.8% (数据来自《北京城市总体规划 (2016 年 - 2035 年)》)

案例 7:"狭小"的城市空间

北京是一座看起来拥挤但实际土地使用率很低的城市,很多地图上的建筑现实中都是空置的 (图 5-13)。公园、河流、立交桥下、城市绿地、道路都是荒废的;夜晚的办公楼,白天的住宅,没有赛事的大型体育馆,周一闭馆日的博物馆,每时每刻都有大量的空间被空置,但人们很少去思考这些浪费的现象。这里并不是要去填满这些地方,而是要利用空间和时间的空置点来合理利用城市空间,从而提高土地使用率。

图 5-14　柬埔寨洞里萨湖上生活的越南人的水上小学

案例 8：柬埔寨的越南人

在位于柬埔寨境内的洞里萨湖（Tonlé Sap）上生活着一群没有
国籍的越南人，他们不被越南承认，也不被柬埔寨接纳。慢慢
地他们在湖面上找到了生存的机会，在这里形成了初具规模的
小城镇，或许终其一生都只生活在洞里萨的湖水里（图5-14）。
这是一群看起来快乐无忧但实际上被堤岸束缚了的人，水与岸
的边界让他们无法感受更大的世界。

时间的边界

在另一个维度里，时间的变化也会产生移动的效果。同样的空间在不同时间里可以具有不同的功能，最直接的联想就是多功能厅。事实上，每一个生活空间都是一间多功能厅，它们的含义远不止于我们为之贴上的标签。

以体育场馆为例，它们代表了一类因为功能特殊性而被贴上特定标签的建筑。在实际的运营中，几乎不可能实现所有功能的全时段满负荷运转。在没有赛事的时间里运营方会间歇性地安排演艺、发布会等商业或公益的活动。尽管如此，大型场馆在平时的经营依然是一个国际性的难题，以至于绝大多数专业场馆，特别是中国，在非赛时大多处于空置状态，赛事和演艺的收益远远不能覆盖建设和日常运营所投入的成本。诚然，这其中包含着深刻的社会原因，但客观上导致大量的体育建筑沦为一种固定的"临时建筑"。这一点在奥运会比赛场馆这类为特定事件建造的设施中体现得尤为明显，这些设施是主办方为筹备短期的特殊活动而耗巨资修建的，一旦活动结束，它们便失去光鲜而变为硕大无朋的空置地，国际上很多大赛场馆都因此闲置、废弃甚至被拆除。用移动的观点来看，这些建筑原本可以通过不同时间的使用需求实现功能上的转变，这种转变靠的不是商业运营等外因，而是建筑本体可能性的拓展，在建造之初便预留尽可能多的变化余地，但建筑自身的固定性使它们失去了这样的机会。

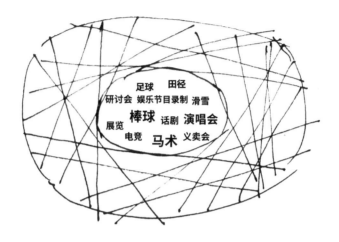

图 5-15 "鸟巢" 里发生的事件

案例 9: 固定的临时建筑

技术的快速发展造就了一种奇特的建筑产品: 固定的临时建筑。它们为了特定体育赛事而兴建, 之后就会一个个停滞在那儿而无人问津。就地位和知名度而言, "鸟巢" 算得上中国现阶段体育场中的佼佼者了, 所承接的各类活动也不可谓不丰富 (图 5-15), 但依然没能摆脱赛后运营入不敷出的困境, 如此案例在中国不胜枚举, 数以百计的大型场馆仍处于空置的状态中。与其花费高额成本修建这些一次性的固定设施, 不如考虑更加灵活的移动建筑作为解决方案。

生活方式的边界

为了实现对空间尽可能充分地利用，在设计之初就要考虑到空间中不同时间段里各种功能的可能性。古人是很善于利用这一点的，帐篷就是一个典型例子。由于游牧、狩猎以及战争等原因，人们需要一个能够随身携带又足够安全的居所，帐篷于是被广泛地应用以适应各种复杂的环境，因此可以看作一种典型的时效性建筑。它不受时间的约束，随时可以展开和收起。除了形式和位置易变外，内部功能也可以被自由定义，居住、办公、军事等都是可能的用途。人们不知不觉中沿袭了这种传统，在今天无论是露营或是军用帐篷都依然体现着这样的特征（图 5-16）。

生活方式反映了人类的需求，亚伯拉罕·马斯洛 (Abraham Harold Maslow) 在《人类激励理论》(*A Theory of Human Motivation*) 中将需求从低到高分为五个层次，分别是生理需求、安全需求、社交需求、尊重需求和自我实现需求。这些需求分别有着对应的空间标签，例如：与生理需求对应的卧室、厨房及餐厅；与安全需求对应的墙和防盗门；与社交需求对应的客厅；与尊重需求对应的空间审美；与自我实现相关的则是一些定制化的需求。在设计这些空间时通常会从很多组合方式中选出一个"最优方案"，也就是所谓的合理的空间布局。

这些独立的空间各自谨守着自己的边界，而边界内则是满足前述设定的一个个功能性空间，里面的一切布局都是围绕这

图 5-16　蒙古包

案例 10：游牧的生活方式造就了移动建筑

前面谈到了蒙古包，这种建造传统最初来自于蒙古族居民的游牧生活。这是一种移动的生活方式，他们也由此创造了移动的建筑文明。人们的生活方式决定了居住的方式，也决定了建筑的面貌以及搭建的技巧。

个预设的功能展开的。在这种思维方式的指导下固然可以比较快速地得到一个常规性的空间，但它忽略了人类更多复杂的需求，往往在后来会人为地加入很多新的功能，例如人防车库就是一种在地下人防工事中产生的特殊空间；在美国，很多创业公司也是从自家的车库中诞生的。这些设计有些是设计师主动追求的，有些则是使用者无意间实现的，在北京的胡同中就存在着大量这样的现象。那些被改造得面目全非的四合院看起来杂乱无章，但它们刚好反映了人们最真实的生活状态，那是一种直接、丰富甚至混乱的需求，看似漫无目的但实际上每件物品的堆放都有着极其明确的初衷，只不过这种无意识的"有意"行为背后缺少一个有条理的归纳过程。我们需要看到这其中积极的一面，无论有意与否，这些行为至少在现实上挑战了原先一成不变的空间秩序，突破了既有生活方式的边界，将生活还原回应有的复杂状态，即使那或许还只是一种相对原始的复杂。

　　这些对于固有功能的挑战都可以看作一种具有移动建筑特征的行为。空间不是一成不变的，它会有很多复杂的可能性，这些复杂功能的集合才是生活的常态。围绕着地域、时间和生活方式等诸多因素，移动建筑以及由此延伸出的思维方式会为人类生活提供更多的可能性。基于前述的种种观察和反思以及为了达到一种宣言式的推动效果，我们在此大胆提出一门新的建筑学科——"移动建筑学"。

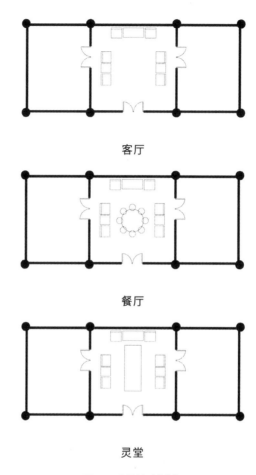

客厅

餐厅

灵堂

图 5-17　堂屋内部功能转换

案例 12：多变的堂屋空间

前文说到的堂屋有多种功能的转换，都是依靠家具的布置和每
个场景里出现的相应"道具"来实现的。堂屋的这种特点很像
是舞台，随着剧目的不同而改变布景，但都还是被限定在同一
个特定的空间内部，使用者丰富的需求定义了空间的不同属性
（图 5-17）。

图 5-18　胡同里的大杂院

案例 11：北京胡同里的自组织的空间

到过北京胡同的人经常能看见这样的景象：满院的杂物到处堆放，破坏了原有的四合院肌理（图 5-18）。但是其中很多家具和场景本应是出现在室内的，而在大杂院中，由于室内空间狭小，这些室内的功能都被移到了院子里，可以看见室外的"厨房"，室外的"储物间"，室外的"客厅"等很多奇特的场景，室内外的边界，被狭小空间这个制约因素打破了。室外的功能多数也具有一种临时性的多功能特征——今年是厨房，明年可能变成卫生间。这些功能转换都是使用者需求最直接的体现，例如一个患病老人对于卫生间的迫切需求就可能导致前述改造的发生。这种功能的转换形成了北京胡同里有趣的空间自组织现象。在极小空间里，人们的需求不会变少，而是用一种更加复合和动态的方式去满足。

什么是移动建筑学

定义移动建筑

在定义移动建筑之前，首先要放弃传统的建筑学理论体系。今天对于建筑的评价和研究的主流依据源自维特鲁威时代留下的传统，但不得不说，这种传统是有一定局限性的，他们的研究对象依然是那些固定式的建筑类型，思考方法大多也是固定式的。

1956 年，尤纳·弗莱德曼在杜布罗夫尼克 (Dubrovnik) 的第十届国际现代建筑大会 (CIAM) 上提出了他的著名概念："移动建筑" (Mobile Architecture)，并提出了 "移动建筑" 需要一个 "可变化的社会" (Mobile Society) 理念。弗莱德曼的 "移动建筑" 理论强调的并非建筑本体的可变性，而是研讨如何建立一套能够应对或抗衡多变的社会制度的建筑架构体系。这个理念来源于居住者对空间需求的自我意识和自由表达，强调城市存在的真实原因是一种满足人们不断变化的实际需求的能力。弗莱德曼否定了建筑师的特权，在他的世界里，建筑师是技术的提供者和传播者，是问题的解决者，有时也是问题的表演者。

但是这里讲的移动建筑和弗莱德曼有一些不同之处。这里要探讨的是移动建筑本身的空间及形式，不受限于某一个 "可变化的社会"，"移动建筑" 在这里不受制于任何社会制度因素。

在追溯移动建筑的起源时应该首先追溯建筑的起源。翁格尔斯 (Oswald Mathias Ungers) 在其 1991 ～ 1998 年的作品集

图 5-19　原始棚屋想象图

中论及建筑原型时指出，建筑有两种基本类型：洞穴 (cave) 和棚屋 (hut)，前者代表固定性，后者则体现移动性。洞穴暗示了固定建筑的原型，棚屋则可以视为移动建筑的代表 (图 5-19)。然而如果从人类行为的介入程度来看，原始的洞穴更多是天然形成的，人类只是发现并改造了它们，棚屋则是人类最早用自身智慧创造的建造体系，现代建筑学也正是源于对这种原型的重新认识，只是在认识过程中过分强调了建造过程而忽略了其中可移动的特点。

固定建筑的思维方式受限于人类长期的陆地生活。在今天，这种植根于陆地生活的建筑理论已经显现出局限性，一定程度上制约了建筑的发展，我们应该重新建立一套新的建筑学体系，还原这个世界的丰富性，归还人们对建筑的选择权。

"移动建筑"是一种可以适应多种环境或多种功能的建筑类型。"移动"是一种思维方式，这种思维方式下产生的空间也带有可适应的特征，不满足于单一的可能性。人类的生活方式和对于空间的需求也不是一成不变的，移动建筑学所研究的空间需要回应复杂多变的需求，让建筑师和使用者拥有比以往更大的选择权。

随着技术的发展，人类的建造行为理论上已能够拓展到世界的各个角落，同时跨越多个领域。研究范围的扩大会令人越发困惑于建筑作为一门学科的界限。但简单来说，建筑归根结底只是为了满足人们生活需求的空间载体，这些需求覆盖了居住、工作、商业、娱乐等各种功能类型。

从交通工具到移动建筑

在通常的认识中，汽车、飞机、船这些载体都被归纳为交通工具的范畴，但是当我们站在移动建筑学的视角审视它们时，就需要一些超出传统建筑学的观察方法，需要从代步工具和生活空间的关系上来进行考量。代步工具即交通工具，是人类为了实现快速从 A 点到 B 点而发明的工具（图 5-20 ~ 图 5-22）。

最初由于技术的局限，这些交通工具都很缓慢，在漫长的行程中，人们不可能只是赶路，需要有用餐、睡眠以及消遣的需求，于是这些交通工具中无形增加了很多额外的功能，让人们能够方便地进行简单的生活，后来渐渐产生了愈加复杂的生活空间，这种行走中的生活状态贯穿在古今中外的历史里。从张居正的 32 人超级大轿到宇文恺设计的百里龙舟，从英女皇的专属列车到堪比酒店的客机机舱，这些案例无论从规模还是功能上都远远超出了传统意义上对交通工具的定义，生活和工作最初只是作为附属需求添加到原有的交通工具中，但随着旅途的加长和需求的日益迫切，就越来越需要在旅途中尽可能保持正常的生活和工作状态，于是这些无限接近建筑的交通工具便呼之欲出了。而当它们真正出现时，却依然保持着可移动的特性，这些兼备的特征使它们可以被称作移动建筑。这些移动建筑看起来是从交通工具慢慢演化而来的，但实际上那些对于生活的需求一直存在，只是在不同的场合下体现的程度有所不同，根本上它们与传统的交通工具相比还是各自独立的事物。

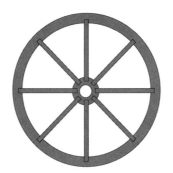

图 5-20 轮子

图 5-21 浮木

图 5-22 飞机原型

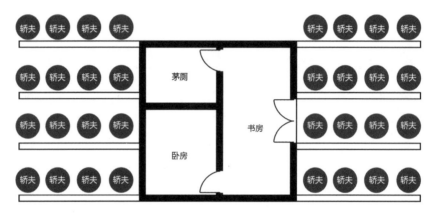

图 5-23 张居正的 "超豪华版官轿" 平面示意图

案例 13：张居正的轿子

张居正这座轿子需要前后共 32 人抬，它的主要目的并不是为了享乐，而是为了方便作为 "工作狂" 的张居正随时处理政务。轿子的面积堪比今天的一座小户型住宅，有会客室、卧室和卫生间。设置卫生间是因为张居正患有严重的痔疮病而特地摆放了清理的设施；会客室用来接见各地来客和平时处理文件；卧室则作为日常的休憩空间（图 5-23）。

图 5-24　隋炀帝的龙舟概念图

案例 14：宇文恺设计的隋炀帝的大龙舟船队

隋炀帝的"大龙舟"上有四层楼，高约 45 尺（14.4m），长约
200 尺（64m），可运载士兵约 800 人。上层有正殿、内殿、东
西朝堂，中间两层有 120 个居室（图 5-24）。整个船队约有
八万余人，船只航行时第一只船的船首与最后一只船的船尾距
离约 200 余里（115km），夜里感觉像是白天一样。所有的数
据记载都侧面体现了隋炀帝这只船队的荒淫无度的庞大气势，
在运河上形成了一片行走的城市群。

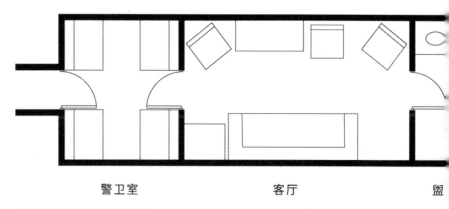

图 5-25   英国女王豪华列车平面示意图

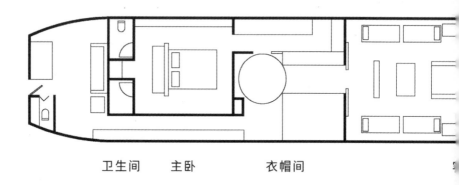

案例 15：英国女皇的豪华列车

英国皇家专列由 9 节车厢组成，车厢内设有吸烟室、12 个座位的餐厅和王室成员的私人车厢，女王车厢的私人浴室里甚至有一个全尺寸的大浴缸。列车具有良好的平稳性，可以确保在沐浴时不会被惊扰。女王的专用车厢长约 75 英尺（约 22m），乘坐起来与地面无异。内部有卧室，在两个角落各有一张 3 英尺（约 0.9m）宽的单人床（皇家列车上没有双人床）。专列上还设置了女王的专用办公区，这是最早的轨道上的移动办公室（图 5-25）。

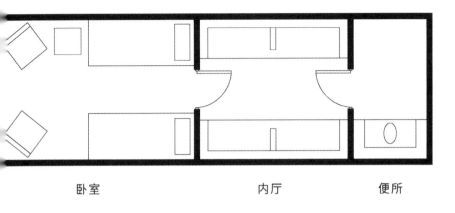

卧室 　　　　　　　　　内厅 　　　　　　　便所

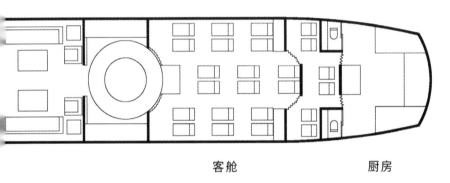

客舱 　　　　　　　　　厨房

图 5-26　世界最大的豪华客机金鹿 787 梦想商务机（Dream Jet）平面示意图

案例 16：金鹿（Deer Jet）豪华飞机

金鹿豪华飞机是由波音 787 宽体客机改装的，改装后内部面积约 220m²。拥有独立的机组工作区、隔音的主宾休息区、客厅娱乐区和亲友休息区，配有卧室、浴室、更衣室、会议室等设施，还有 18 个全平躺头等舱座位，全舱可容纳 40 人。主卧有自己的大理石洗手间，有宽敞的淋浴间和双水槽洗手盆（图 5-26）。飞机堪比一座天空中的移动酒店，将原本枯燥的旅途变成正常的生活。

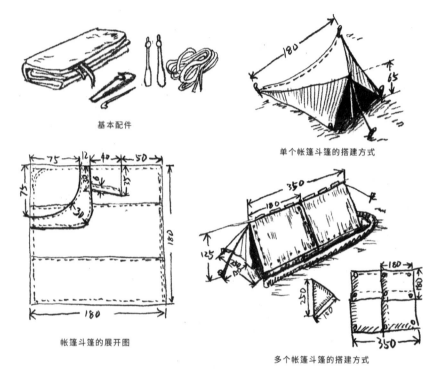

基本配件

单个帐篷斗篷的搭建方式

帐篷斗篷的展开图

多个帐篷斗篷的搭建方式

图 5-27　《苏联帐篷斗篷使用方法手册》部分内页图

案例 17：苏联的帐篷斗篷

二战期间，苏军发明了一种神奇的帐篷斗篷，既是衣服也是房子，可以遮风避雨，还可以在里面睡觉（图 5-27）。在电影《兵临城下》（Enemy at the Gates）中，主人公狙击手穿的就是这种帐篷斗篷。这是一种和生活密切相关的可穿戴建筑，人去哪里，哪里就有房子。

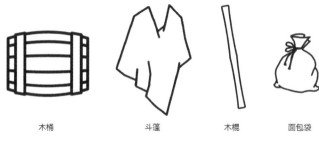

木桶　　　　　斗篷　　　　木棍　　　　面包袋

图 5-28　第欧根尼所有财产

案例 18：第欧根尼（Diogenes）的木桶

相传第欧根尼住在一个木桶里，全部的财产是一只用来睡觉的木桶、一件遮风挡雨的斗篷、一支作为拐杖的棍子和一个收藏食物用的面包袋（图 5-28），他崇尚一种极简的生活方式，这种生活方式也从某种意义上提供了一种舱体移动建筑的原型。

图 5-29　随处可见的集装箱建筑（某建筑工地宿舍）

案例 19：集装箱建筑

自从运输大亨麦克莱恩（Malcom Purcell Mclean）发明了集装箱，由集装箱组成的建筑也在近代不断出现在大众的视野里（图 5-29），这种建造方式可以呈现多种排布的可能，现已成为很多展览展示等临时需求最热衷的一种建筑类型。

交通　　　　　　　　　　移动　　　　　　　　　　固定
工具　　　　　　　　　　建筑　　　　　　　　　　建筑

▪▪

动　　　　　　　　　　　可适应性　　　　　　　　　静

图 5-30　移动建筑原理分析图

　　这里用一个图解的方式，能更好地表明交通工具、固定建
筑和移动建筑三者的关系（图 5-30）。交通工具代表了一种极
端的动态形式，是点到点的位移，并不强调其中的生活功能，
就目的而言是以抵达为第一（或唯一）的要务，带有明显的方
向性和确定性；固定建筑体现了另一种极端，即极端的稳定状
态。需要满足稳定的日常生活习惯，包括常规的起居功能。它
的存在是以贯穿其中的生活过程为基础的，不带有明确的目的
性，或者说发生在其中的事件相较于前者有着更大的不确定性；
移动建筑处于两者之间，在建造目的上以日常生活为中心，在
存在方式上则表现出随遇而安的无限可能性，亦即在目的和状
态的层面上都呈现出全然的不确定，而能决定它们的是建筑所
处的环境以及自身的功能需求，如房车更趋向于交通工具，而
帐篷就更接近固定建筑。如果以此二者为原型，则移动建筑又
可分为两大类，一种是舱体式，指必须整体移动，移动时内部
功能可正常使用的移动建筑，例如房车、集装箱等；一种是收
纳式，是指需要分解成零件，收纳运输到目的地再现场组装的
移动建筑，例如帐篷、棚房、集成房屋等。需要说明的是，这
些处于交通工具与固定建筑之间的移动建筑并不是一个演变过
程的中间环节，而是它们在最初就已经形成了建筑化的空间，
只是这其中有一些不需要经常移动，而另一些移动的频率则相
对较高。

固定和移动的转换

文艺复兴时期被广泛应用的欧几里得几何学是建立在三维世界的基础上来研究空间的，到了 1830 年前后，出现了基于多维度几何学的空间研究，希格弗莱德·吉迪恩在《空间·时间·建筑》(Space, Time and Architecture) 中则提到了更多引入了时间维度的设计流派。建筑学不应局限在三维世界，它是一门涉及更多维度空间的学科。过分依赖几何学会使建筑变成设计师炫耀造型技巧的实验场，失去了可能性的建筑将逐渐沦为一个坚固的艺术品。

移动建筑加入了对更多因素的考量，关注设计前后的每个过程。固定建筑与移动建筑代表了两种极端状态，没有优劣之分，前者更注重结果，而后者更注重过程。固定和移动作为两种建筑的原型是可以彼此变通的，两者间存在着微妙的关系。移动建筑学本质上强调的是用尽可能多样化的视角来应对空间中的各种复杂现象。

在一座具体的建筑内部也存在着两种思维方式的转化现象，这种转化可能是由于行为而发生的，也可能是由于环境而发生的。例如在固定建筑中有时会发现一定程度的移动建筑的潜质，固定随即转向移动：

举例一：建筑的室内都有开发不同功能的可能性，但是建筑本身是固定的，这种属于固定建筑的内部功能移动属性（图 5-31）。

举例二：建筑建造时采用了预制搭建系统，这种系统属于移动的搭建模式，但建筑本身也可能是不可移动的（图 5-32）。

很多移动建筑也会向固定建筑属性转换。

举例一：从使用情况来讲，房车是可移动建筑，但在睡觉或加油等情况下处于固定状态，只不过时间上会比常见的固定建筑短一些（图 5-33）。

举例二：移动建筑本身的结构原理也是相对固定的，否则无法形成一个安全实用的建筑实体，例如中国传统建筑中常见的斗栱构件（图 5-34）。

总而言之，尽管在这里作为一对不同的概念来讨论，但在实际案例中，固定和移动总是彼此渗透的，并非绝对的对立，而这种变化的逻辑也正是"移动"作为一种思维方式而不仅限于建筑类型的核心价值。

从本质上看，移动建筑表现为一种比固定建筑更加敏感的对于周围环境和自身功能的可适应性，如果为之赋予一个概括的解释，我们可以将移动建筑定义为一种可适应多种环境需求或多种功能需求的建筑类型。建筑不再被诸如土地等传统意义上的限制条件所束缚，而是可以随着多种生活需求以及环境改变而变换建筑的空间形式和构造法则，使建筑对客观条件的反应更加直接和敏锐，也只有在这样不断的变化和自我调整中，建筑才能获得梦寐以求的永生。

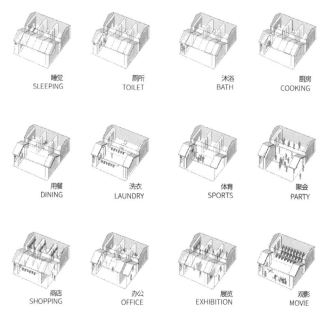

图 5-31　同一个室内空间的多种功能转换

图 5-32　装配式建筑搭建过程

图 5-33　停靠的房车

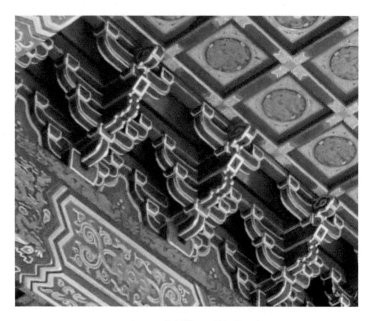

图 5-34　榫卯结构——斗栱局部

参考文献

[1] （法）弗莱德曼.为家园辩护 [M].秦屹，龚彦，译.上海：上海锦绣文章出版社，2007.

[2] （英）库克等.建筑电讯 ARCHIGRAM [M].叶朝宪，译.台北：田园城市，2003.

[3] （日）忠泰建筑文化艺术基金会，森美术馆.代谢派未来都市——当代日本建筑的源流 [M].张瑞娟，
陈建中，江文菁，译.南京：江苏凤凰科技出版社，2013.

[4] （意）维特鲁威.建筑十书 [M].陈平，译.北京：北京大学出版社，2012.

[5] （德）谢林.艺术哲学 [M].魏庆征，译.北京：中国社会出版社，2005.

[6] Управление Вещевого Снабжения. ПЛАЩ-ПАЛАТКА-НАКИДКА. РККА НКО СССР, 1938.

[7] （瑞士）吉迪恩.空间·时间·建筑 [M].王锦堂，孙全文，译.武汉：华中科技大学出版社，2014.

附录
剖面学社活动纪实

　　剖面学社成立于 2015 年 11 月，是一个致力于建筑理论研究的民间学术组织。核心成员由奋战在建筑设计行业第一线的职业建筑师组成，以每月一期的线下学术分享为主要活动形式，从个人视角深度解读建筑学。活动面向所有对建筑学科有兴趣的人士。研究范围跨越时间、地域甚至学科的局限，重视学术研究的理论深度以及个人研究方向在实践中的体现。下设【剖面计划】、【剖面之旅】、【剖面展览】、【剖面论坛】等多个版块。其中，【剖面计划】是学社的核心活动，为每月一期的线下分享沙龙，每期由一位成员主讲，分享个人建筑理论研究心得，现已完成 32 期分享活动；【剖面之旅】是学社的补充活动，每年至少组织一期，由 2~3 位主讲嘉宾分享个人近期旅行经验，被邀请嘉宾不限于建筑行业，现已完成 4 期分享活动；【剖面展览】是学社的另一个补充活动，不定期举办。基于各成员的学术研究方向，就特定主题提出具有理论研究价值的概念方案，并适时举办相应的学术论坛，现已完成 1 次展览及与之相应的论坛；【剖面论坛】也是学社的补充活动，配合特定事件不定期举办。以多位成员对话及现场互动的方式辨析建筑学，现已完成 1 次活动。

【剖面计划】

- 第 01 期:剖面与误读——建筑的 N 种解法(2015 年 11 月 29 日)
- 第 02 期:园林空间行为的衍变(2016 年 1 月 3 日)
- 第 03 期:移动建筑(2016 年 2 月 28 日)
- 第 04 期:建筑的遗传与变异(2016 年 4 月 3 日)
- 第 05 期:旅行者视野的环球城市巡礼(2016 年 5 月 1 日)
- 第 06 期:"看不见的因子"——日本建筑与拿来主义(2016 年 5 月 29 日)
- 第 07 期:被遗忘的千年——中世纪的三次文艺复兴(2016 年 7 月 2 日)
- 第 08 期:不该沉寂的绿地(2016 年 7 月 30 日)
- 第 09 期:水中生活(2016 年 9 月 3 日)
- 第 10 期:记忆碎片——电影和建筑空间中的跳切解读(2016 年 10 月 29 日)
- 第 11 期:创造的过程——建筑自主性的生成与演变(2017 年 1 月 8 日)
- 第 12 期:现代的滥觞——1750 年－1920 年的欧洲建筑变迁(2017 年 3 月 4 日)
- 第 14 期:技术的名义——剧场建筑发展史(2017 年 4 月 29 日)
- 第 15 期:城市欢乐颂——探索城市更新的破局之路(2017 年 6 月 4 日)
- 第 16 期:建筑的开始——帐篷(2017 年 7 月 1 日)
- 第 17 期:跳切——非线性叙事现实的探讨(2017 年 8 月 6 日)
- 第 18 期:建筑与欲望——库哈斯早期思想的一个精神分析式解读(2017 年 9 月 9 日)
- 第 19 期:建筑的第四道墙——模糊空间的多义性解读(2017 年 10 月 14 日)
- 第 20 期:消失的乌托邦——俄罗斯先锋派与现代主义建筑师的社会主义试验田(2017 年 11 月 25 日)
- 第 21 期:创作的过程——图解的控制与复杂性的生成(2018 年 1 月 20 日)
- 第 22 期:降临——人类的未来生活空间:舱体(2018 年 4 月 14 日)
- 第 23 期:跳切空间——非线性空间及电影的解读与探讨(2018 年 5 月 5 日)
- 第 24 期:俘获地球的城市——对《癫狂的纽约》的一个阅读(2018 年 6 月 9 日)
- 第 25 期:欲望的标价(上)巨构空间:庞大的工厂与资本的乐园(2018 年 8 月 4 日)
- 第 26 期:欲望的标价(下)建筑广告:形而上的回归与幻境的恶托邦(2018 年 9 月 8 日)
- 第 27 期:创造的过程——现象学视角和新型图解操作(2019 年 1 月 5 日)
- 第 28 期:现代的滥觞——科学危机在建筑学的投射(2019 年 3 月 30 日)
- 第 29 期:超级变变变——室内移动空间研究(2019 年 5 月 25 日)
- 第 30 期:功能的名义——军事建筑发展简史(2019 年 8 月 31 日)
- 第 31 期:从舞台到城市——戏剧和建筑学中的第四道墙现象(2019 年 11 月 2 日)
- 第 32 期:创作日志——认知语言学视角下的建筑创作真相(2019 年 12 月 8 日)

【剖面之旅】

- 第 1 期：东游记——城市建筑旅行（2016 年 12 月 3 日）
  - 朝鲜建筑观察
  - 北京人的北京旅行记
  - 不简朴的柬埔寨

- 第 2 期：赖特 @ 花家地——艺术影像下的建筑与城市生活探索（2017 年 12 月 30 日）
  - 赖特和他的高背椅
  - 把艺术带回家
  - 花家地社区的自主性

- 第 3 期：从阿尔贝蒂到 RCR——欧洲近代建筑流变与西班牙的现代主义进程
  （2018 年 11 月 4 日）
  - 欧洲近代建筑流变
  - 西班牙的现代主义进程

- 第 4 期：寻找贝聿铭（2019 年 6 月 29 日）
  - 贝聿铭前传
  - "另一个"贝聿铭

【剖面展览】

- "触摸灵感——未来办公方式概念展"（2018 年 6 月 29 日～ 2018 年 7 月 15 日）
  主题论坛："未来办公方式"引发的建筑史观反思（2018 年 7 月 8 日）

【剖面论坛】

- 第 1 期：圣母院之焰——建筑永恒性的再思考（2019 年 4 月 27 日）

后记

故事开始于 2015 年国庆节假期中的一次闲聊。那时我和天奇共事于同一家公司，正合作策划一个展览，天奇约当时在做组织工作的张欣咨询一些策展方面的问题。如同每次聊天一样，这次又不出意外地跑题了。他两人回忆起此前大地社的一些经历，从社团的创办到解散，进而谈到建筑行业的现状。我们都认为过度重复性的劳动使建筑师失去了深刻思考的机会，而这本该是建筑师最有价值的那部分能力；实践与理论的脱节使建筑理论被冷落在角落里，有关建筑史论的研究在当代中国成为一个十分尴尬的领域，在大多数的场合不被重视，但一些陈腐的认知却一直未被消除。这些认知同时存在于实践和教育领域，特别是当把"史"与"论"分开看待时，会发现"论"的境地比"史"更加岌岌可危。虽然问题由来已久且如此显而易见，但眼前缺少改变这些现状的人。联想到从前的大地社，于是萌生了再次发起一个社团的想法，而这次的主题是一个关于建筑史论的研究活动，作为历史控的我对这个建议一拍即合。关于理论与实践的话题我们有着比较一致的底线，并认为是时候重新整理一份对于建筑学的认知了，通过系统性的个人研究和相互交流使自己保持独立思考和理性判断，避免掉入流程化生产的陷阱，如果同时还可以影响一定范围的其他人，那就真是再好不过了。

我们在当天做了这个决定，在随后的几天里讨论了活动的定位和形式，终于在一次下班后的聚餐中约来了晓飓，经过一番长谈商定了活动的主旨，并提出了"剖面"和"误读"的概念，明确了个人现场分享这种表达形式。而这将是一种真正意义上的分享，分享每个人学习和思考的过程，与聆听者做完全开放、严肃且即时的探讨，"剖面学社"的名字也被基本确定下来，对一些被坚持至今的价值评判标准也初步达成了共识。在那个时候，没人知道这样的活动可以坚持多久，只是打算按照每月一期的频率试验一下，看看能够引起多少人的共鸣。事实上以当时的心态，我们甚至做好了只在内部研讨的准备。

经过一番筹备，在 2015 年 11 月的月末，我们在六佰本商业街的顶层举行了第一期的分享活动，由我代言，以《"剖面"与"误读"》为题，用一种比较宏大的方式讲述了学社的基本主张。然而不出所料的是，由于初期的宣传渠道比较单一，现场只来了一位圈外人士，那次分享也就被定格成了一段十分寒酸的录像资料。从一个月之后的第二期开始，我们"转战"歌华大厦的一间会议室，在这之后的四期活动中，得益于宣传渠道的拓展以及身边朋友的口口相传，前来参与的人数有了明显增加，并在第六期迎来了学社的第一个转折点——一次机缘巧合的谈话促成了婉嬬的加入。在这期活动中她分享了有关日本建筑的课题，也成为当时参与人数最多、互动效果最好的一期。在活动的初期，除了天奇很早就确定了移动建筑的研究方向，每个人对于自己的课题都还处于摸索阶段，对于很多课题虽然都有过涉猎，但尚未形成明确的方向和个人观点，因此每位成员的初次分享也就成了探索性的尝试，在后续的活动中不断调整并渐渐固定下来，而后陆续加入了"剖面之旅"、"剖面论坛"等略显轻松的板块，以求能引入更多参与者。

在第一次正式分享之前，我并没有发现自己真正关注的课题，在天奇的鼓励下，我开始整理以往的知识碎片，寻找那个能够引发话题的原点。终于，一篇偶然读到的有关中世纪与文艺复兴的论文唤醒了我对于建筑史的全部记忆，我随即意识到，所有临界点上处于不稳定状态上的事物才是触发我兴趣的来源，于是才有了后面对于历史临界点以及临界元素的一系列考察，后来关于"第四道墙"的研究虽然看似与建筑历史无关，但那可以看作临界状态在另一维度上的反映，也是更加空间化的表达。对于后者我更愿意从戏剧角度进行类比，这一点会在今后详细地阐述。在其后的分享中，婉嬿明确了她有关社会学的研究方向，而晓飓的关注点也从最初的类型学转移到认知语言学上来。在第十期活动中，我们迎来了甘力大神的回归，只是没想到他会聚焦在跳切这个略显冷门的课题上。至此，本书五位作者的个人课题全部浮出水面，随着课题的成形，前来现场的知音也越来越多了。

这五位作者并不是学社的全部成员。事实上，所谓学社也只是一个十分松散的概念，只是组织活动时为了便于识别而采用的集体称呼。从活动开始至今，先后有九位主讲人分享过自己的课题，如果算上旅行、展览、论坛等板块的参与者则可达到十余人。有关出书这件事从学社成立之初就有过设想，但正式提上日程则始于 2018 年下半年。由于每个人的建筑师身份，平时能够拿来写作的时间极为有限，因此不算很长的书稿被迫一拖再拖，但终于还是赶在 2019 年年底之前得以集结成册，总算不必再拖过一年。这本书能够诞生实在要感谢众多贵人的相助，没有你们就没有这本书的问世。感谢成成，是你成全了这本书从无到有的全部过程；感谢张欣、彭喆以及与剖面学社有过交集的每一个人，是你们赋予了这本书每一页文字背后的意义。

国一鸣

2020 年 1 月于北京

勒·柯布西耶在 27 岁完成了《走向新建筑》，于是我也曾立志，27 岁时出版自己的第一本书。

如今我已年过廿八，也算是迟到了一会儿，把这个执念完成了一半吧。

我并非决心定要出版一本建筑理论的学术专著，更不用说一定要达到《走向新建筑》

那般垂名千古的程度，甚至并非一定要写一本关于建筑学的文集——诗集也可以，小说也可以，我从没想过一定要把自己的文字禁锢在某一特定的领域或职业之中。

所以在我的眼中，《剖面集》从来都不只是一本建筑学的理论文集。它只是一本珍贵的小书，汇集了我们这一群思想还颇为稚嫩的年轻的从业者，对于自己职业本身的反思与展望。它是一个慰藉，以安抚我们在繁忙的工作中不断积累的焦虑；它是一点星火，以照亮我们在世俗的沙漠中找到属于自我内心的一片绿洲；它是一艘战船，以承载我们卑微的、理想主义的追求，驶向不确定的前方。当然，它仅仅只是迈出的第一步，很小的一步，因为我们写下的文字，远远不如那些象牙塔中的理论家们的成就。我们对于建筑，对于建筑学，有着我们自己的"误读"。

在我攻读硕士期间，我也曾因为写论文而感到过无比焦虑——总想自圆其说，总想用前人的智慧佐证我的理论，总想证明这理论所指引的实践是"正确无误的"。我也曾将这种焦虑直白地向我的导师罗宾·詹金斯（Robin Jenkins）倾诉，而他的一句话让我醍醐灌顶：

You don't have to prove it. A theory is just an opinion, and there's nothing right or wrong about it.

（你并不需要去证明它。理论只是一个观点，而观点没有对错之分。）

将这样一本汇集了不同观点，甚至是相左的观点于一体的文集完成，是一件极其困难的事情。或许相比很多关于建筑的图书，这本书并没有那种强烈的统一感、整体感——这种统一感和整体感也并不是我们所追求的目标——而是践行着我们起初的"剖面理想"，从不同的角度剖切建筑理论，从不同的视角去解读建筑。感谢参与成书的其他四位著者，在工作之余还要承受我的百般催促，将这本书的全部文字与内容呈现出来。当然更要感谢他们让我与剖面学社结缘，与他们每一个人结下一份弥足珍贵的友谊。

林婉嫕

2020 年 1 月 于北京

开始从事建筑创作的实践工作之后，有个问题一直困扰着我，就是实践跟理论之间的关系。创作实践中我们的思维状态更多表现为一种直觉的方式——一种身体的、意识的本能反应，而在理论研究中它们则更多是一种分析的状态——对对象进行有条理的阅读、归纳和总结，二者有着很大的差异，但作为一个创作实践者，我需要同时处理这二者并不断

在其间切换，我希望找到沟通它们的合理方式，从而产生系统性的、深层次的对建筑实践的理解，同时这些理解不仅仅是滞后于实践的独立产物，而且是能跟实践紧密相关甚至影响实践的方向。

因此我渐渐产生了记录自己创作过程的习惯，还原和呈现那些在创作过程中看似很本能的行为，并尝试找到一个合适的角度去把握它们背后更深层次的原理，在这一过程中，我先后在建筑类型学、建筑现象学及其背后的哲学体系中寻求过答案，却一直未能得到完整的解答，最终认知语言学给我提供了一个更底层的视角，才正式开始了这个课题的研究和书写。

研究和书写是一个面对自我的过程，而出版则可以为其提供检视和交流的可能性，这首先体现在书写内容的审稿上。在这次书籍出版的过程中，不同的审稿人就书写内容提出了不同的审阅观点，这其中，就平流层立体机场的概念性竞赛案例展开的讨论比较有代表性，比如将机场设计在平流层中并不合适，不符合建筑"可建、适用、经济、美观"的原则。我认为该建议属于"建筑应该是什么"的观点的分歧，并非案例在文中所探讨的问题。这个案例意在说明基于认知语言学理论的设计思考方法，从它在文中作为论据的作用来说，它合理地论证了这个观点。非常感谢审稿老师，这个过程让我收获了不同的视角，相信待书籍出版后还将跟读者形成更广泛的交流和讨论。

整个过程中，我很有幸读到了彼得·埃森曼，他批评性的研究方法对我产生了很大的影响，其次要感谢王鹏、毛磊、彭喆、孙珂等好友，在书写的过程中给我提供过的建议和帮助，最后要感谢王辉老师，通过为本书写序的方式给我们提供的鼓励和支持。

廖晓飓

2020 年 1 月 于北京

非常有幸能够参加这次出版活动。我是 2009 年在诺丁汉大学读书时，开始对跳切这个课题进行研究的。理论概念部分开头的时候打下了一个不错的框架，但是在后续的作业中——关于如何将这个理论转化为建筑空间时，却一直没能找到合适的突破口。

回国工作了一段时间后，非常有幸遇到了剖面学社这个组织。2016 年，剖面计划邀请我做一次分享，课题的内容可以较为开放，只要和建筑有关就可以。经过一番考量后，我重新拾起了跳切以及非线性叙事这个课题，并将其在剖面的讲座中进行了分享。

　　这次出版所收集的内容其实是将近几年在剖面所分享的几次讲座的内容做了一个总结。现在回过头来看，如何将"跳切"这样的概念转化成建筑空间并且保证逻辑成立这样艰巨的任务，对于 2009 年当时的自己来说，真的是太难了。即便是今天，就算给我足够的时间，也没有十足的把握能够将这个任务完成。

　　由于建筑师的工作本来就繁忙，加上个人精力有限，因此一直也没能在这个课题上做出更加深入的钻研和探讨，但这次出版的确在很大程度上帮助我梳理了思路，让自己可以形成对"跳切"这个课题更为体系化的认知。

　　同时，在整理的过程中自己也在不断反思，似乎看到了一些之前所没有的思考角度以及衡量建筑空间的方式。这种感觉现在还比较微妙，并不足以让我将它们用清晰的逻辑表达出来。但如果能够顺着这个方向继续探索并给予足够的时间和耐心，或许在不久的将来，就能够通过更多的分享内容，甚至是自己在现实世界中设计出来的建筑空间，找到多年前一直没有找到的答案。

甘力

2020 年 1 月 于北京

- -

　　剖面学社对我来说，是一个为了延续我的研究方向，让我有个动力来专心思考自己职业方向的平台。有关"移动建筑"的课题可以追溯到我的大学毕业设计。当时不知是哪里来的灵感让我对于动态的设计很感兴趣，所以毕业设计就是围绕"移动"的关键词所做的。当时的题目叫"行走的空间"，主要还是基于移动空间的各个层面比较浅显的思考。毕业之后，学生时代的创作被慢慢淡忘，但是后来惊奇地发现，事实上，在我工作中所参加的各种竞赛设计里，都潜移默化地含有这种关于"可变性"与"移动"话题的思考。在参与剖面学社之前，我和几个朋友曾组织过一个名叫大地社的团体，当时大家都在寻找自己的研究方向，我也试着给自己找了很多方向，但不自觉地就回到了原点。将"移动建筑"这一概念真正作为课题研究可以说是开始于那个时期。社团解散后，我虽然还是想继续研究，但是缺少了以往的动力，因为工作中大量的常规项目和琐碎事务使我忙得不可开交。

　　大地社解散不到一年，剖面学社诞生了，这让我能够再次有动力继续我的研究。在学社的这几年里，我和国一鸣在研究方向上的交流比较多，一来是得益于当时我们的同事关系，二来是我们的研究方向存在很多交集，他的思考方式给了我很多启发，很多关于移动建筑理论研究上的突破，都是这种交流的结果。我们时常共同做一些项目，其中也会涉及各自的研究方向。在我研究"移动建筑"的过程中，各方朋友也都提供了很多帮助，尤其是诸位学社内部的成员，包括参与本次成书的几位旧友。在这些不断互通有无的过程中，总会在不经意间带来一些惊喜。婉嫕的研究更关注建筑的社会学属性，却和我在实践的手法上不谋而合，我们正在尝试将"移动建筑"作为一项事业真正付诸实现。

出书这件事是学社发展计划里一个重要的环节，我们希望用这样一本出版物来记录几年来大家各自思考的沉淀，这样的集结方式目前在国内尚不多见。继此次成书之后，学社未来还会以更多样、也更加侧重实践的方式展示下一阶段的研究成果。

文天奇

2020 年 1 月 于北京

图书在版编目（CIP）数据

剖面集：建筑理论的"剖切"与"误读" / 国一鸣等著.—北京：
中国建筑工业出版社，2020.7（2021.9重印）
ISBN 978-7-112-25270-1

Ⅰ.①剖… Ⅱ.①国… Ⅲ.①建筑理论—文集 Ⅳ.①TU-0

中国版本图书馆CIP数据核字（2020）第106611号

数字资源阅读方法：

本书提供图4-3～图4-8，图4-15，图4-18～图4-20的彩色
版，读者可使用手机／平板电脑扫描右侧二维码后免费阅读。
操作说明：扫描授权进入"书刊详情"页面，在"应用资源"
下点击任一图号（如图4-3），进入"课件详情"页面，内有
10张图的图号。点击相应图号后，点击右上角红色"立即阅读"
即可阅读相应图片彩色版。

若有问题，请联系客服电话：4008-188-688。

责任编辑：李成成
责任校对：张惠雯
版式设计：廖晓飓　国一鸣　林婉嬅　甘　力　文天奇

剖面集：建筑理论的"剖切"与"误读"
国一鸣　林婉嬅　廖晓飓　甘力　文天奇　著
＊
中国建筑工业出版社出版、发行（北京海淀三里河路9号）
各地新华书店、建筑书店经销
北京点击世代文化传媒有限公司制版
北京中科印刷有限公司印刷
＊
开本：880×1230毫米　1/32　印张：10　字数：199千字
2020年9月第一版　2021年9月第二次印刷
定价：**58.00**元（赠数字资源）
ISBN 978-7-112-25270-1
（35948）